生态文明教育
领导干部读本

本书编写组◎编写

北京联合出版公司

图书在版编目（CIP）数据

生态文明教育领导干部读本 /《生态文明教育》编写组编写 . -- 北京 : 北京联合出版公司 , 2013.4
ISBN 978-7-5502-1394-4

Ⅰ . ①生… Ⅱ . ①生… Ⅲ . ①生态环境—环境教育—学习参考资料 Ⅳ . ① X321.2

中国版本图书馆 CIP 数据核字 (2013) 第 048220 号

生态文明教育领导干部读本
作　　者：本书编写组
选题策划：群洲文化
责任编辑：史　媛
封面设计：刘志华
版式设计：温　言
责任校对：王　瑶

北京联合出版公司出版
（北京市西城区德外大街 83 号楼 9 层　100088）
北京佳信达欣艺术印刷有限公司印刷　　新华书店经销
字数 150 千字　　880 毫米 ×1230 毫米　1/32　　7 印张
2013 年 4 月第 1 版　　2013 年 4 月第 1 次印刷
印数 1-10000
ISBN 978-7-5502-1394-4
定价：20.00 元

目 录
CONTENTS

第一章 生态文明的基本概念

第一节 生态文明的内容及其重要性

一、生态文明的内涵

（一）生态文明的概念

生态文明的思想，早在人类文明长河的上游就已初见端倪，我国的传统文化中也不乏这一与外界和谐共处的思想理念，如道家的"道法自然"，儒家的"天人合一"等思想，都是今天研究生态文明不得不提及的宝贵的学识资源和珍贵的哲学基础。

现代社会的"生态文明"这一概念，由美国的罗伊·莫里森于1995年在著作《生态民主》中首次明确提出。我国生态学家叶谦吉，也早在1987年就提出要大力倡导生态文明建设。

那么，生态文明具体指什么呢？

从广义上讲，生态文明是指人类遵循人、自然、社会和谐发展的客观规律，在改造自然和社会的过程中取得的物质与精神成果的总和，是人类社会继原始文明、农业文明和工业文明之后一种新型的文明形态。

从狭义上讲，生态文明是人类文明的一个方面，是与物质文明、政治文明和精神文明相并列的人类文明的形式之一，即人类在处理与自然的相互关系时所达到的文明程度。它以尊重和维护生态环境为主旨，以可持续发展为根据，以未来人类的继续发展为着眼点，是指人类社会与自然界和谐共处、良性互动的一种美好状态。生态文明的本质或者说中心思想，就是人与自然相和谐，强调人的自觉与自律，强调人与自然环境的相互依存、相互促进、共处共融。本书所讲的生态文明就是狭义上的概念。

生态文明是一种积极的、良性发展的文明形态。必须指出的是，生态文明绝对不是要消极地拒绝发展，更不是一种停滞或倒退，而是要通过能源生产率和资源利用率的提高，通过人类在生产生活方式上的根本转变，改善人与自然的关系，实现人与自然和谐、健康发展的既定目标。

生态文明是可持续发展的文明。生态文明包括了人类的可持续发展以及自然的可持续发展，二者是和谐统一的。人类所有生产生活建设、资源能源开采等利用环境和生态的活动，都必须考虑到能源的不可再生性和环境的可承载量，以可持续发展为根据，进行合理的开发利用。

总而言之，生态文明是以构造人与自然和谐发展的社会为目的，以环境资源承载力为基础，以可持续的社会经济政策为手段的一种遵循自然规律的新型文明形态。

（二）生态文明的内容

生态文明包含着十分丰富的内容，包括生态文化、生态产业、生态消费、生态环境、生态资源、生态科技以及生态制度这七个基本要素。这七个基本要素各自影响生态文明的建设，同时，又互相影响，统筹联动，一起为生态文明建设添砖加瓦。

其中，生态文化的繁荣是生态文明建设的精神支柱，生态产业的发展是生态文明建设的物质保障，生态消费模式的建立是生态文明建设的公众基础，对生态环境的保护是生态文明建设的基本诉求，而节约生态资源是生态文明建设的内在要求，同时，生态科技的投入和发展是生态文明建设的驱动力量，生态制度的创新是生态文明建设的根本动力。

生态文明意味着人类思维方式与价值观念的重大转变，这就要求生态文明的建设必须以生态文化的繁荣创新为先导，力求建构以人与自然和谐发展理论为核心的生态文化。在世界观上，要超越机械唯物主义而树立自然系统的"有机论"；在价值观上，则需要超越"人类中心主义"，重建人与自然的平衡价值观；在发展观上，一定要超越"不增长就死亡"的狭隘增长主义，建立起"质量重于数量"，人口、资源、环境相协调的整体发展观。

生态文明迫切需要建立生态经济系统，这就要求我们的经济发展必须由单纯追求经济效益转向追求经济效益、社会效益和生态效益等共同效益，以人类与生物圈的共存为价值取向来发展生产力。生态产业作为发展与环境之间矛盾激化的产物，就是人类对传统生产方式反思的成果。在生产方式上，转变高生产、高消费、高污染的工业化生产方式，以生态技术为基础实现社会物质生产的高效智能化，使生态产业在产业结构中逐步居于主导地位，进而成为经济增长的主要源泉。

生态消费模式是以维护自然生态环境的平衡为前提，在满足人的基本生存和发展需要基础上的一种可持续的消费模式。生态消费模式需要依赖消费教育来变革全社会的消费理念，进而转变消费者的消费行为，引导公众从浪费型消费模式转向适度型消费模式，从环境损害型消费模式转向环境保护型消费模式，从对物质财富的过度享受转向既满足自身需要又不损害自然生态的消费方式。

生态环境是最直接关系到人民群众正常生活和身心健康的一个问题。一旦生态环境遭受到恶劣的毁坏，人的生产和生活环境恶化，人与人之间、人与自然之间的和谐就难以实现。而生态文明建设的重要目标以及落实实践的必然要求就是要统筹好人与自然的关系，尽量消除人类经济活动对自然生态系统造成的威胁，有效控制污染物和温室气体的排放，保护好脆弱的生态环境，从而实现生态环境质量的明显改善，促进可持续发展。

没有资源、能源，和生态环境的良好土壤，经济的发展就无从谈起，人类的可持续发展在失去资源基础时也将成为天方夜谭。所以说，生态文明建设非常重要和艰巨的任务，就是通过高效利用自然资源，循环使用废弃资源，积极开发可再生清洁能源和新能源，从而保障资源的可持续供给，保障经济和社会的可持续发展，同时维护自然界的生态平衡。

生态科学技术用生态学的整体统筹观点来看待现代科学技术的发展。把目前独立分离的各项高新科学技术，重新置于"人—社会—自然"这一有机的整体中，将生态学的原则渗透到科技研发和拓展的整个过程中，包括其目标、方法以及性质等等。坚定不移地走生态科技的发展道路，是实现人与自然和谐发展的关键，也是加速生态文明建设的驱动力量。

解决生态环境问题的本源性驱动力在于制度创新。一方面要积极建立生态战略规划制度，投入到生态文明建设的整体宏观性上来，着眼于长期而不是短暂一时的发展，真正把人与自然的和谐与社会的可持续发展纳入到国民经济及各方面的宏观决策中来；另一方面，要创新生态文明建设的制度安排，通过制度建设与设计，通过不断的创新，鼓励更多社会各阶层主体的积极参与，同时努力创建更为公平的法制环境，推广建立更为灵活的政策工具，营造更加良好的舆论氛围。

二、生态文明的地位

中国共产党第十八次全国代表大会提出，要将生态文明建设与经济建设、政治建设、文化建设、社会建设并列，"五位一体"地建设中国特色社会主义。同时，政府工作报告中具体指出："建设中国特色社会主义，总依据是社会主义初级阶段，总布局是五位一体，总任务是实现社会主义现代化和中华民族伟大复兴。"其中可以看到，"五位一体"特别增加了生态文明建设，并且在第八部分重点阐述了要大力推进生态文明建设，旨在表明将生态环境保护融入经济社会发展的全局中，强调它极为重要的战略地位，要求要把生态文明建设的价值理念方式方法贯彻到现代化建设的全过程和各方面。

中国特色社会主义事业"五位一体"的总体布局是一个相互联

系、相互协调、相互促进、相互制约、相辅相成的有机整体，生态文明与物质、精神、政治等文明共同构成了人类现代文明的整体框架。在"五位一体"总体布局中，经济建设是根本，政治建设是保障，文化建设是灵魂，社会建设是条件，生态文明建设是基础，这五个方面是相互影响的。

就时代的大环境而言，生态文明既是建立在物质、政治、精神文明发展的基础上，又处于整个社会文明发展基础的主导位置，即这个时代要求把生态文明理念与道德准则贯穿于经济、社会、人文、民生和资源、环境等各个领域，发挥导向和驱动作用。

具体来说，社会主义的物质文明、精神文明和政治文明都离不开社会主义的生态文明。没有良好的生态条件，人类不可能有高度的物质享受，更没办法有高度的精神享受和政治享受。换言之，没有生态安全，人类就会陷入严重的生存危机，从这个意义上讲，生态文明是物质文明、政治文明和精神文明的基础和前提。

另一方面，人类在建设生态文明的过程中，作为非常重要的主体者，必须将生态文明建设的内容和具体要求内化于我们自身的意识、思想、法律、生活生产和行为方式中去，这也可以说是衡量人类文明发展程度的一个基本而重要的标尺。也就是说，大力发展建设社会主义物质文明时，需达到社会经济与自然生态相对平衡及可持续发展的内在要求；建设社会主义的精神文明，要将环境保护和生态平衡的思想观念和精神追求作为重点，贯穿始终；建设社会主义的政治文明，亦可通过制定保护生态环境、实现人与自然和谐相处的相关法律制度和政策法规来实现生态文明的发展。

生态文明建设与经济建设的关系，乍一看是环境保护与经济发展之间的对立，但同时，这二者之间也还存在一种和谐的统一关系。一方面，人类的生存、经济的发展必然会带来环境污染和生态破坏，累积到一定程度就会爆发环境问题和生态危机。要保护环境，在一定时空范围内会或多或少地制约经济发展，这就造成了二者不可调和的矛盾。但另一方面，环境保护和经济发展又是和谐统一的。环境保护和生态文明建设的根本目的还是为了促进经济社会更好更自然地发展，也给人类自身提供良好的赖以生存的自然环境和社会环境。

生态文明建设与文化建设，相互覆盖又共同影响社会文明。从各自的角度看，生态文明建设是文化建设非常重要的组织部分，精神文明的大力发展必然会涉及到人与自然的关系；同时，生态文明建设也离不开文化建设，会为文化建设提供广阔的舞台。二者相互从属，互相促进。从整体的角度看，生态文明建设与文化建设都亟待处理的是当代人与当代人之间、当代人与后代人之间以及人类社会与自然界之间错综复杂的关系，因此，二者又属于重叠关系。

生态文明建设与政治建设，关系复杂紧密，既有因果，又有从属。因为政治建设是实现生态文明建设的保障条件。人类目前所面临的生态环境危机就是由人类在特定的制度框架下进行的社会活动引起的。有什么样的制度框架，就会有什么样方式的物质生产和人口繁衍，也就会有什么样的环境影响和生态影响。由此完全可以说，政治建设直接影响到生态文明建设的水平。从各自的出发点来看，政治建设着力于处理和解决人与人之间的关系，而生态文明建设则着眼于当代人与当代人之间、当代人与后代人之间以及人类与自然之间错综复杂的关系。因此也可以说，政治建设被生态文明建设所包容。

生态文明建设与社会建设是相互支撑的关系。社会建设的核心问题是保障民生，而生态文明建设中生态环境的质量水平可以说是最基本的影响民生的因素。生态文明建设水平高了，生命质量和生活质量自然就上去了，最基本的民生需求里的环境权益就能得到维护。反过来，在社会建设中，公众的参与度越高，环境保护与生态建设的社会管理程度愈显，生态文明建设水平也自然能得到提高。二者能形成良性循环，相互扶持、促进和提高。

第二节　生态文明建设产生的原因和意义

一、生态文明建设的背景

文明，是人类审美观念和文化现象的传承、发展、糅合和分化过程中所产生的生活方式、思维方式的总称，是人类改造自然及世界的物质成果和精神成果的总和。社会文明是指人类开始群居并出现社会分工专业化，人类社会雏形基本形成后出现的一种现象。它是较为丰富的物质基础之上的产物，同时也是人类社会的一种基本属性。简言之，文明是人类在认识世界和改造世界的过程中所逐步形成的思想观念以及不断进化的人类本性的具体体现。

人类文明的发展历程，既是以物质资料生产为枢纽的自然史和人类史彼此适应及相互促进的社会进步过程，也是人类通过认识自然并利用自然从而促进自身进化与发展的过程。

在脱离野蛮进入文明社会后，人类大体上经历了狩猎文明、农业文明、工业文明这样几个阶段。这一过程中每一次文明的进步和飞跃，既是建立在科学技术取得极大进步和生产力极大提高的基础上，也是建立在人类对自然的认识不断深化、利用不断加强和改造能力不断提高的前提之下。

整个文明的发展史就是一部人与自然关系的变迁史。

在最早的狩猎文明时期，人类仍处于蒙昧或半蒙昧状态，对自然的认识几乎是零，生产力水平极度低下，物质资源得不到开采，人类完全依赖自然界生存。这时候人与自然的关系基本上是盲目地建立在自发的基础上，处于一种原始的依赖和平衡状态。步入农业文明时期，人类对自然有了一定程度的认识，生产力也有了一定程度的发展，人们依靠农耕渔樵等农业、手工业活动生产生存下来。这时候人与自然的关系停留在较低水平的平衡上。到了工业文明阶段，工业革命的迸发促进了科学技术的产生和极大进步，人对自然的认识进入了一个高速吸收和变化的阶段，机器大生产创造出极高的社会生产力，人类物质文明发展的速度大大提高，带动一系列社会制度和精神文化的不断创新。在这一阶段，人类沉湎于改造自然的显著成果中，人与自然的关系就是征服与被征服、控制与被控制的关系。

进入工业文明时期以后，人们被科学技术的迅猛发展、生产力的飞速提高和社会财富的成倍增长与积累冲昏了头脑，完全忽视了人类文明的长足发展。人口的过度膨胀、对自然的掠夺性开采和对资源无休止的开发最终导致了生态环境的严重失衡，自然环境遭到严重破坏，自然资源面临枯竭，全球性的环境和可持续发展问题日益突出。

在这样一个背景和环境下，20 世纪 60 年代至今，人类对生态文明的选择，就是当代人在探索环境保护和可持续发展战略的过程中逐渐提出和明确下来的。

美国海洋生物学家蕾切尔·卡逊于 1962 年出版了历经四年潜心研究而写成的《寂静的春天》。她以严肃的科学精神和诗人般的炽热感情，在这本书中提出了环境污染这一 20 世纪中叶人类生活中的一个重大问题，切中时弊，振聋发聩。

这本书分析的切入点是滥用农药带来的严重环境污染，重点分析和揭示了由此造成的对生态系统和人体的损害。此书一经出版便立刻引起轰动，震动了美国社会，并引发了一场持续达数年之久的论战——杀虫剂论战。这场论战引发了全社会对环境问题的注意，极大地推动了广大民众环境意识的觉醒，促使环境保护问题被摆到各国政府面前。

很快，卡逊的思想已经不限于她本国，《寂静的春天》也深刻地影响到了全世界。至 1963 年，英国上议院就多次提到她的名字和她这本书，导致艾氏剂、狄氏剂和七氯等杀虫剂的限制使用；此书还被译成法文、德文、意大利文、丹麦文、瑞典文、挪威文、芬兰文、荷兰文、西班牙文、日本文、冰岛文、葡萄牙文等多种文字，激励着所有这些国家的环保立法。《寂静的春天》因此成为公认的宣传维持生态平衡、推动环境保护的划时代经典。

经此一役，环境保护运动开始蓬勃发展，各种环境保护组织纷纷成立。联合国于 1972 年 6 月 12 日在斯德哥尔摩召开了人类环境会议，并由与会各国签署了《联合国人类环境宣言》，开始了环境保护事业。

1972 年，由全球一百多名学者所组成的"罗马俱乐部"发表了震动世界的研究报告《增长的极限》。根据数学模型的方法，报告预言：在未来一个世纪中，人口和经济需求的持续增长，将导致地球资源耗竭、生态破坏和环境污染；除非人类自觉限制人口增长和工业发展，否则这一悲剧将无法避免。报告反映了人类的自我检讨和自我反省，被奉为"绿色生态运动"的圣经。

1987 年，联合国环境与发展委员会发布的研究报告《我们共同的未来》，是人类建构生态文明的纲领性文件，它深刻地检讨了"唯经济发展"理念的弊端，全面论述了 20 世纪人类面临的三大主题——和平、发展、环境之间的内在联系，并把它们当作一个更大的课题——可持续发展的内在目标来追求，从而有效地为人类指出了一条摆脱目前困境的实际途径。

1992 年，在巴西里约热内卢召开的联合国环境与发展大会所通过的《21 世纪议程》，是人类建构生态文明的一座重要里程碑。人与自然、人与生态，不再是征服与被征服或主宰与被主宰的关系，而是一种全球性的共生共荣。

中国是世界上第一个制定国家级《21 世纪议程》的国家。里约环境与发展大会之后，中国政府立即开始行动，在一个月内就提出了《中国环境与发展十大对策》，明确宣布实施可持续发展战略。

经济、社会得到发展的同时，人口过快增长的势头得到控制，土地、水、森林、生物多样性等自然资源的保护与管理得到加强，工业污染防治与生态环境建设的步伐加快，一些重大环境治理工程和生态建设工程取得明显成效，部分城市和地区环境有所改善。

同年 7 月，中国政府着手编制《中国 21 世纪议程》，并于 1994 年 3 月由国务院正式发布实施。该议程系统地论述了经济和社会发展与环境保护之间的相互关系，构筑了一个长期的、渐进的、综合性的可持续发展战略框架，成为制订国民经济和社会发展中长期计划的一个指导性文件。

2007 年，党的十七大明确提出"建设生态文明，基本形成节约能源资源和保护生态环境的产业结构、增长方式、消费模式"。在全面建设小康社会奋斗目标的新要求中，第一次明确提出了建设生态文明的目标。

2012 年，党的十八大报告又指出，"建设中国特色社会主义，总依据是社会主义初级阶段，总布局是五位一体，总任务是实现社会主义现代化和中华民族伟大复兴"。"五位一体"总布局这一崭新的说法，充分说明了生态文明建设成为中国特色社会主义宏伟蓝图中蔚为重要的一部分。

我们可以看到，"五位一体"总体布局的形成是我们党对中国特色社会主义认识不断深化的结果。从"以经济建设为中心"到物质、精神"两个文明"建设，到经济建设、政治建设、文化建设"三位一体"，到经济、政治、文化、社会建设"四位一体"，再到当前新加入生态文明建设的"五位一体"，这是我们党基于历史经验和实践摸索，在经历了逐步探索和深化，不断对总体布局的认识趋于完善的一个过程。

生态文明的提出，是人们对可持续发展问题认识深化的必然结果。残忍的历史和严酷的现实告诉我们，大自然与人一样，都是生态系统中不可或缺的重要组成部分。人与自然不存在统治与被统治、征服与被征服的关系，而是相互依存、和谐共处、共同促进的关系。人类的发展应该是人与人、人与社会、人与环境、当代人与后代人的协调发展。这就要求我们的发展不仅要讲究代内公平，更要讲究代际之间的公平，即不能以当代人的利益为中心和出发点，不惜牺牲后代人的利益来为当代人谋取发展利益。我们必须讲究生态文明，牢固树立起可持续发展的生态文明观，为生态文明建设添砖加瓦。

二、生态文明建设的意义

恩格斯说："我们不要过分陶醉于我们人类对自然界的胜利。对于每一次这样的胜利，自然界都对我们进行报复。每一次胜利，起初确实取得了我们预期的结果，但是往后和再往后却发生完全不同的、出乎预料的影响，常常把最初的结果又消除了。"

大自然是人类赖以生存和发展的基础。人类为了自身的生产和发展，需要自然资源，改造自然环境，但我们不能毫无计划和节制地开采开发自然资源，在发展的过程中不能忽视和违背自然规律，不能过于乐观、盲目自大，要认清人与自然互相制约又互相促进的和谐关系。因为大自然的资源是有限的，地球的面积和空间并不能随人口的膨胀继而膨胀，并且对人类活动的承载力有一定的限度。

为了人类的可持续发展和永续发展，必须创造并且维持一个良好的生存环境。

生态文明就是水到渠成应运而生的新型文明理念，在对客观世界进行改造的同时，始终对自然界心存敬畏，尊重大自然，保护大自然，实现人与自然和谐相处。生态文明建设是全人类环境意识觉醒以后，经过长期摸索和实践探索出的一条路，是尽可能地节约资源能源、保护生态环境的必经之路，是全球所有国家和地区需共同长久奋斗的伟大事业。

生态文明建设，在中国，一样具有极其重大的现实意义和特别深远的战略意义。

首先，大力推进生态文明建设对于破解我国在前进道路中遇到的种种难题具有决定性意义。改革开放以来，我国经济飞速发展，尤其是进入 21 世纪后连年创造 GDP 奇迹，取得傲人的成绩和喜人的成果。但一味地追求经济发展，走传统工业化的老路，用 GDP 增长作为经济增长唯一考量的单一线性思维使得发展付出了巨大代价，带来的问题众多。环境污染日益加重，资源能源面临枯竭，生态平衡早已被打破；发展的地域不平衡和不协调的问题也十分突出，地区差异、城乡差距日益扩大，民生问题逐渐走入公众视野，收入分配公平问题日渐引起重视，这些都严重制约了社会主义现代化建设宏伟目标的顺利实现。在当前改革日益深化的关键时刻，如何破解难题，打破瓶颈，走出困境，实现经济、社会与环境的良性循环，显得至关重要。生态文明以一种全新的超越传统工业文明的思路和理念，对解决以上种种问题指明了方向。坚持生态文明建设，加大对生态文明的重视，统一评估上述问题，合理调控，综合治理，方能在新的起点上真正实现又好又快的可持续发展。

中国人口众多，幅员辽阔，在中国建设生态文明，不仅能造福13亿人口，又将对全球生态文明建设作出重大贡献。众所周知，西方发达国家大多经过逾百年的工业革命，工业文明发达，经济及科学技术上的优势十分明显。再加上人类环保意识的觉醒，科技发达的他们经过近一个世纪的努力，在可持续发展领域的研究与实践也已取得可喜成果。生态文明颇具雏形，惠及了全球约10亿人口。然而，全世界尚有50多亿人口正处在工业文明建设初期或中后期，生态文明初始萌芽阶段。中国是世界上最大的发展中国家，若我国率先跨入生态文明社会，不但本国的经济、社会、人文、环境、民生、生态面貌会焕然一新，而且必将大大加快全球生态文明建设的进程。届时，全球"绿色版图"将明显扩大，有1/3以上的人口会走上生态文明之路。同时，我国也能为正在从工业化进程努力转化为生态文明社会的发展中国家提供宝贵的借鉴经验。

在开创中国特色社会主义建设新局面的过程中，我们党一贯重视人口资源环境问题，一贯推行控制人口、保护环境、节约资源的政策，在这个过程中认识逐步深化，最终提出了生态文明建设的思想。党的十八大报告中提出的"五位一体"，是中国特色社会主义理论体系的又一重大创新成果，是党执政兴国理念的新发展，是对深入贯彻落实科学发展观，拓展全面建设小康社会目标而提出的更高要求，具有十分重要的意义。

首先，建设生态文明是深入贯彻落实科学发展观的必然要求。

科学发展观的第一要义是发展，核心是以人为本，基本要求是全面协调可持续，根本方法是统筹兼顾。这就要求我们必须坚持走生产发展、生活富裕、生态良好的文明发展道路。只有实现了生态良好，全面建设小康社会才有坚实的生态基础；只有人与自然和谐，社会和谐才能得以实现。其一，建设生态文明是以人为本发展理念的体现。古人讲："天生万物，唯人为贵。"坚持以人为本，当物质的增长与人的生存发生矛盾的时候，应当首先关注人的生存和发展；不但要注重当代人的生存发展，而且也要考虑到子孙后代的生存发展。其二，建设生态文明是可持续发展的内在要求。可持续发展战略的核心是经济发展与保护资源、保护生态环境的协调一致，是为了让子孙后代能够享有充足的资源和良好的环境。随着经济快速增长和人口不断增加，能源、土地、矿产和水资源不足的矛盾日益尖锐，生态环境的严峻形势迫使我们必须加大推进生态文明建设的力度，尽快增强可持续发展能力。

其次，建设生态文明是顺应时代发展潮流的迫切需要。

第一，以和谐发展为核心的生态文明模式已逐渐成为全球共识。进入工业文明以来，人类在创造巨大财富的同时，也遇到了前所未有的社会危机和生态危机，许多思想家对此进行过反思。卢梭曾对工业文明的过分膨胀破坏人与自然和谐的可能性和危险性发出警告。马克思、恩格斯更是对资本主义工业文明所导致的人与人、人与自然的异化作出过深刻思考。马克思指出："不以伟大的自然规律为依据的人类计划，只会带来灾难。"尤其从 1972 年以来，《人类环境宣言》、《里约环境与发展宣言》、《21 世纪议程》等有关环境问题的国际公约和文件相继问世，标志着以和谐发展为核心的生态文明模式已成为全球共识。第二，世界性的生态现代化正在形成。如果从 1972 年联合国首次人类环境大会算起，世界生态现代化已经有 40 多年的历史，尤其是西欧和北欧等发达国家的生态现代化已取得明显进步，一些发展中国家也有了实质性进展。第三，我国生态文明建设正呈现出良好的发展势头。党中央第一次把"建设生态文明"提高到"五位一体"战略化布局的高度，同时我国积极参与应对全球气候变化等行动，彰显了我国是负责任大国的形象。不少省份也适应生态现代化的新趋势，相继作出发展生态文明的意见和决定，大力推动生态文明建设。综上所述，上述发展趋势迫切要求我们审时度势、把握机遇，跟上国内外生态文明建设的步伐。

改革开放以来，我国经济发展取得了令人瞩目的伟大成就。从 1978 年到 2011 年，国内生产总值从 2165 亿美元增长到 7.3 万亿美元，年均增长 9.8%，经济总量跃居世界第二。但是，我们要清醒地看到，我国经济增长方式粗放问题十分突出，资源环境面临的压力越来越大。"十一五"期间，中国能源消费总量达到 32.5 亿吨标准煤，年均增长 6.6%，到 2010 年已成为世界第一大能源消费国。而人均能源消费提高到 2.4 亿吨标准煤，五年间增长 34.4%。与能源消费比例如此居高不下相对应的，却是我国资源总量和人均资源的严重不足。在资源总量方面，我国的石油储量仅占世界 1.8%，天然气占 0.7%，铁矿石约占 9%，铜矿低于 5%，铝土矿不足 2% 等。在人均资源量方面，我国人均 45 种主要矿产资源，为世界平均水平的 1/2，人均耕地、草地资源为 1/3，人均水资源为 1/4，人均森林资源为 1/5，人均石油占有量仅为 1/10。这说明，我国的资源已难以支撑我们由传统工业向现代工业的持续发展，现实的国情要求我们在经济增长中必须加快缓解能源消耗太大的问题。

我国的生态状况也十分严峻。人均森林面积和蓄积分别为世界的 1/5 和 1/8，森林覆盖率居世界第 130 位。荒漠化土地面积已占国土总面积的 27.9%，而且每年仍在不断增加。90% 以上的天然草原退化。七大江河水系，劣五类水质占 27%。668 个城市中有 400 多个城市缺水，其中 100 多个城市严重缺水；因缺水影响城市工业产值 2000 亿元；尚有 3.6 亿农村人口喝不上符合卫生标准的水等等。生态恶化已成为制约我国经济社会可持续发展的最大因素之一。

生态文明建设，能够为人们的生产生活提供必需的物质基础；生态文明观念，作为一种基础的价值导向，是构建社会主义和谐社会不可或缺的精神力量。随着物质生活水平的不断提高，人们对生活质量提出了新的更高的要求，希望喝上干净的水，吸上清新的空气，吃上放心的食品，住上舒适的房子等。创造一个良好的生态环境，使自然生态保持动态平衡和良性循环，并与人们和谐相处，这种愿望此时比以往任何时候都显得更加迫切。如果没有一个良好的生态环境，便无法实现可持续发展，更无法为人民提供良好的生活环境。建设生态文明任重而道远。牢固树立生态文明观念，积极推进生态文明建设，是深入贯彻落实科学发展观，推进中国特色社会主义伟大事业的应有之义。

第三节 当代世界生态文明的发展趋势

不过一百多年前，人类还沉浸在征服和统治大自然的沾沾自喜中。然而，在人类长期享受着高度快速发展和极高的物质文明带来的便利之时，严重的环境问题和生态失衡已经在人类浑然不觉间悄悄地到来了。

直到半个世纪以前，蕾切尔·卡逊所著的《寂静的春天》在美国问世，这是人类首次关注环境问题的著作。在人们普遍喊着"征服大自然"等响亮口号的上世纪60年代，这本书就像平地一声雷，第一次对这种传统意识的正确性提出质疑，为人类环境意识的启蒙点燃了一盏明灯。

1970年，美国民主党参议员盖洛德·尼尔森和哈佛大学法学院学生丹尼斯·海斯发起了一场以环境保护为主题、定位于全美国的草根运动。4月22日活动当天，美国各地总共有超过2000万人参与，堪称世界上最早的大规模群众性环境保护运动，此事促使了每年4月22日组织环保活动成为一种惯例。这次运动同时催化了人类现代环境保护运动的发展，此事促进了发达国家环境保护立法的进程，并且直接催生了1972年联合国第一次人类环境会议。

也就是40多年前的6月5日，一次改变全球生态文明历史的会议在瑞典的斯德哥尔摩召开，113个联合国国家，包括各政府代表团、民间科学家和学者共1300多名代表在此讨论当代世界的环境问题，经过12天的讨论交流，形成并公布了《联合国人类环境会议宣言》和具有109条建议的保护全球环境的"行动计划"。这是一次划时代的会议，更是一次振聋发聩的会议，是一项造福全人类、惠及子孙后代的创举。

紧接着，在 1972 年 10 月，第 27 届联合国大会通过了联合国人类环境会议的建议，规定每年的 6 月 5 日为"世界环境日"。联合国和各国政府要在每年的这一天开展各种活动，提醒全世界人民注意彼时全球环境的状况和人类活动对环境的危害，强调保护和改善人类环境的重要性。

20 年过去了，联合国环境与发展会议于 1992 年 6 月 3 日 ~ 14 日在巴西的里约热内卢召开。这是继瑞典斯德哥尔摩联合国人类环境会议之后，环境与发展领域中规模最大、级别最高的一次国际会议。大会的宗旨是回顾第一次人类环境大会召开后 20 年来全球环境保护的历程，敦促各国政府和公众采取积极措施，协调合作，防止环境污染和生态恶化，为保护人类生存环境而共同做出努力。会议通过了《关于环境与发展的里约热内卢宣言》、《21 世纪议程》和《关于森林问题的原则声明》三项文件，致力于保护全球环境和资源，要求发达国家承担更多义务，同时也照顾到发展中国家的特殊情况和利益。

而现如今，全世界每年关于环境保护的节日数不胜数，有世界森林日、世界水日、国际臭氧层保护日、世界防止荒漠化和干旱日、生物多样性国际日等等。世界性的环境保护组织更是如雨后春笋般发展起来，如联合国环境规划署、绿色和平组织、西欧保护生态青年组织、国际自然和自然资源保护协会等等，不胜枚举。

步入 21 世纪，经济全球化迅速拉近了世界各国的距离，世界越来越变成一个和谐共通的"地球村"。在联合国环境规划署和联合国环境与发展大会的促进下，将生态文明建设好也愈来愈成为各国政府和全世界人民的共同目标。

首先，经过了半个世纪的蓬勃发展，各国政府和全世界人民都达成了共识，国际组织和民间团体不断发展壮大，积极集聚社会公众的智慧。各国建设生态文明的目的性和计划性更强，保护环境和生态文明的思想已经深入人心。这就体现在各国不仅有专门针对生态文明建设而推出的计划，而且在发展经济、创新文化、构建社会的过程中处处以生态文明为先，多以保护环境和生态平衡为重要考量标准。例如，开发能源方面，美国从10年前开始开发开采页岩气，到目前为止，已经占据美国天然气开采总量的四分之一。页岩气的高产量拉低了能源价格，或将成为美国振兴制造业的一大法宝，有可能改变美国能源生产格局。而环境保护方面，以"绿色经济的世界趋势和中国角色"为主题，来自中国的"绿色传媒促进计划"媒体代表团一行15人于去年10月12日前往设在肯尼亚内罗毕的联合国环境规划署(UNEP)总部，与时任联合国副秘书长、UNEP执行主任阿齐姆·施泰纳展开了对话。施泰纳了解了我国发展绿色经济的经验和教训，肯定了我国在向绿色经济转型过程中在环境政策等方面做出的巨大努力。

其次，全球的生态文明建设，走上了科技化、专业化的道路。自从生态文明建设走入全世界人民心中以后，各国政府纷纷大力投入，将科学研究和开发应用于环境保护和生态文明建设，带来的最为显著的成果就是开发了一系列新能源，以解决大自然资源能源过度消耗的问题。环境保护和生态建设的专业化也越来越强，各国纷纷成立专门组织，重点关注生态和环境问题，各个击破。例如，早在 1991 年，加拿大政府就和韩国原子能研究所成立了一个调查研究小组，主要研究应用核废料的可行性。而作为加拿大原子能公司（AECL）核能研究"心脏"的加拿大乔克河国家实验室，多年来也一直都在致力于处置核废料的研究。澳大利亚科学和工业研究组织的专家于最近几年提出一种"过滤、土地处理与暗管排水相结合"的污水再利用系统，称之为"非尔脱"污水灌溉新技术。这个系统一方面可以满足农作物对水分和养分的要求，一方面能降低污水中氮、磷等元素的含量，使之达到污水排放标准。其特点是过滤后的污水都汇集到地下暗管排水系统中，并设有水泵，可以控制排水暗管以上的地下水位以及处理后污水的排出量。

在各国纷纷意识到环境保护和生态文明建设重要性的这半个世纪以来，经济全球化使得世界各国合作频繁，愈发连结成一个利益共同体，生态文明建设也自然而然地走上了全球化和合作化的趋势道路。例如，1997 年在日本京都召开的《联合国气候变化框架公约》第三次缔约方大会上通过了《京都议定书》，主要目标是通过规定各国二氧化碳的排放量，将大气中的温室气体含量稳定在一个适当的水平，进而防止剧烈的气候改变对人类造成伤害。而《公约》第 18 次缔约方会议也于 11 月在卡塔尔首都多哈举行，2012 年也正值《京都议定书》第一承诺期即将结束，也说明跨国性的会议是生态文明建设全球化的具体体现之一，全球生态文明的组织机制为高级别的政治论坛。全球化也体现在一国或一地区的生态文明建设对其他区域乃至全球产生影响。例如，亚洲正成为多个液化天然气 (LNG) 产销大国锁定的主要销售区域。逐利而动，LNG 生产国的船只更愿意驶往出价更高的亚洲，而不是相对低价的欧洲。这不但会加剧欧洲的能源供应紧张，还可能将欧洲高成本兴建的 LNG 进口接收终端"打入冷宫"。

与经济发展有着相似的轨迹，生态文明建设不仅逐渐全球化，也明显具有区域化的特征和趋势。一方面，国内环保组织或能源开发单位都在争取效益最大化的过程中愿意选择与临近国家合作。另一方面，各国建设生态文明，不能一味地照抄照搬别国经验，要量体裁衣，打造适合自身特点的建设道路。比如，《里约宣言》一项非常重要的遵约原则即为"共同但有区别的责任"。位于巴西南部"生态之都"库里蒂巴为解决大城市人口膨胀、交通拥堵、环境污染的问题，对公共交通这一城市命脉进行创新改革，优化公共资源配置。当地政府1974年起就通过各种方式推行公交优先的城市规划理念，在 30 多年前首创的整合公交系统是目前在全球各大城市逐步推广的快速公交系统（BRT）的雏形，近年来，又与当地无线通信方案提供商合作，构建一个新型智能公交系统，这成为联合国气候变化框架公约秘书处向全球重点推广的项目之一。

综上所述，全球的生态文明在进入 21 世纪以后呈现出计划性和目的性更强的趋势，全球合作益发紧密，日渐成为一个利益共同体。发展生态文明投入的科技和创新力度大大加强，各国各区域在生态文明建设过程中的专业化也愈发凸显。

第二章　参与生态文明建设的主体

第一节　政府在生态文明建设中的主体地位

生态文明作为一种超越工业文明的社会文明形态，需要对工业文明带来的资源短缺、能源危机、环境污染、气候变暖、生态环境恶化等诸多问题进行有效治理，进而大力推进增长方式、生活方式、消费模式，乃至人类整个生存方式的重大转变。显而易见，局限于现有的行政体制，通过设立一个专门的职能部门，以行政干预的方式去制止生态环境的破坏，已经无法有效缓解生态环境的治理问题，更难以建构形成一种崭新的社会文明形态。生态危机的全局性、综合性、历史性、长期性决定了这个问题已经成为人类面临的重大的公共问题，必须由政府出面，整合各个方面的资源，设计公共政策，履行公共职能，加强公共管理，才有望得到解决。

一、政府参与生态文明建设的背景

美国于1969年成立对总统负责的"环境质量委员会"，于1970年正式成立新型的国家行政机构"国家环保局"，以专门行使环境保护职能。上世纪 80 年代以来，绿色、生态、低碳等新型发展理念，逐步成为各国政党、政府政策创新的重要标识。一些西方国家陆续开始了建设"绿色政府"的尝试，通过出台专门的绿色采购法，并在国际贸易中设置绿色壁垒等方式，着力塑造政府引领生态文明建设的新形象。现今，生态环境管理业已成为西方发达国家政府的一项基本职能。但就总体而言，西方发达国家政府的生态环境管理往往是在生态环境问题出现甚至恶化后，在影响经济发展或引起公众强烈反对时，才被迫进行应对的一种"干预型"职能。这种职能定位特征集中表现为"先污染、后治理，先破坏、后恢复"的环境战略或发展道路的选择。虽然，在进入 20 世纪 70 年代以来，工业发达国家已经实行了严格的环境管理，并开始注意事前采取预防环境污染的措施，如实行区域综合规划和综合防治的对策，实行环境影响评价制度和污染物总量控制制度等，但是，从总体看，环境污染防治的基本措施还是污染产生后的治理，预防措施还只是处于从属地位，形式虽然有很大的变化，但实质上还是"先污染、后治理"道路的延续。

生态文明建设就在于通过自然资源的节约以及生态环境的保护与修复来提高资源利用效率和改善生态环境质量，满足社会良好的生态环境生活条件的需要；也在于通过推进与发展生态经济来优化经济结构与促进经济增长，满足提高人民生活富裕水平和改善生活质量的需要；通过加强生态法治和促进公民的生态有序参与来推动与实现生态政治民主，满足发展和保障社会公平正义的需要；通过宣传和强化生态文化的精神理念来带动和引领和谐文化及先进文化建设，满足促进与支持社会主义核心价值体系建构的需要。所以，生态文明建设是促进经济、政治、文化、社会、自然统筹发展，人与人、人与社会、人与自身、人与自然协调发展，促进全面建设小康社会和社会主义和谐社会的强劲动力和重要保障。

生态文明建设的关键在于首先要建设好生态型政府，或者说，建设资源节约型和环境友好型社会的关键在于首先要建设好资源节约型和环境友好型政府。而环境友好型政府或生态型政府的重要特征之一就是将生态管理作为自己的基本职能，即必须做到对政府管理的全域、全程和全部环节进行"生态化"，必须能够运用行政、经济、法律、技术和教育等各种有效手段实现生态管理。

在 1973 年第一次全国环境保护工作会议召开之前，生态环境问题基本上还远离我国政府的视野。但生态环境问题已经不断呈现，特别是"大跃进"时期的全民"大炼钢铁"运动造成了生态环境的巨大破坏。1974 年，国务院环境保护领导小组正式成立。1978 年国家颁布的新《宪法》和 1979 年颁布的《中华人民共和国环境保护法（试行）》从立法上更加明确了国家及政府的生态管理职责。直到 1981 年 4 月国务院作出《关于国民经济调整时期加强环境保护工作的决定》，环境保护工作才开始真正进入政府日常事务中。

改革开放以来，在特定的发展背景和体制环境下，我国逐步形成了有自身特色的政府主导型发展模式，各级党委政府在制订区域经济发展战略，实施地方产业发展规划，配置稀缺要素资源等方面发挥着重要作用。这种发展模式较好地发挥了党委政府的组织优势，克服了工业化初期市场体系发育不健全，市场主体自组织能力弱小的局限，成功地将社会资源有效地整合起来投入工业化发展，实现了经济超常规的发展。但是，政府主导型的发展模式派生出的一个突出问题，是经济发展及市场体系的发育过多地依赖于政府的决策，并过多地受到了行政意志的左右。特别是在政府管理体制改革滞后，政府行为过多受到政绩效应牵引和地方利益制约的情况下，片面追求经济增长速度，追求经济总量的扩张成为一个普遍性的现象。这种现象如果不能从根本上得到校正，生态文明建设就不可能取得真正的成效。经济转型升级乃至生态文明建设的一个核心问题，是实现经济增长从投资驱动型向创新驱动型和消费驱动型转变。这个过程能否顺利完成，在很大程度上取决于政府能否完成自身的转型，形成与经济转型升级和生态文明建设相适应的角色定位和运行机制。

经济建设型政府的角色定位，以及片面依赖投资拉动经济增长的政府行为取向，是粗放型增长方式以及生态环境持续恶化局面长期无法得到有效扭转的重要根源。近30年来，在"发展是硬道理""发展是科学发展观的第一要务"等理念的指导下，各级党委政府在加快地方经济发展方面形成了强烈的责任意识和赶超意识。借助于各级党委政府的组织动员和资源整合优势，全社会财富创造的活力得到了充分激发和有效释放，中国经济发展因此也取得了举世瞩目的成就。但是我们必须看到，在日趋激烈的区域发展竞争中，追求地方经济快速发展的施政目标在不少地方事实上已经演变成了将发展简单地等同于经济增长甚至 GDP 增长，这使得经济建设型的政府角色定位与粗放型的增长方式形成了很强的共生关系。我国经济发展存在的种种结构性、体制性问题均与此有着密切的关系。一是片面追求增长速度的发展方式，导致不少地方不顾社会效益、生态效益，一味追求投资规模的扩大，并由此产生了诸如地区产业结构雷同、增长方式粗放，以及国民财富分配不断向政府集中的局面；二是片面追求投资规模和出口规模，客观上助长了单纯依赖资源消耗换取增长速度的现象，严重透支了资源和环境的容量，导致环境污染日益严重，生态灾难日渐增多；三是经济建设型政府的角色定位致使公共服务严重滞后于经济发展，而且直接制约了居民消费水平的提高，加剧了经济增长对投资和出口的依赖，导致经济发展长期无法摆脱"高投入、高消耗、高排放、难循环、低效率"的困境。

生态文明作为后工业文明，其发展是建立在对工业文明特别是粗放型的工业化进程的弊端和教训的深刻反思基础之上的。在政府主导经济社会发展的体制框架下，这种反思要从发展理念的调整转变为发展路径及相关公共政策的选择，就必须建构形成区别于传统增长方式的激烈结构，切实有效地引导地方政府主动地去纠正有悖于生态文明建设宗旨的短期化的行为冲动。政绩考核是一条重要的指挥棒，在引导政府行为方面发挥着重要的作用。尽管现有政绩考核体系经过一系列的调整，其长期存在的突出问题已经有所缓解，但从总体性看，其重经济增长轻社会协调发展、重经济增长速度轻经济增长的社会效益和生态效益、重经济总量的扩张轻经济发展质的提升、重发展的短期政绩轻长期效应等倾向依然相当突出。因此，尽管早在上世纪 90 年代后期中央就明确提出了转变增长方式的思路，近些年又一再重申加快发展方式的转型，但收效一直很不理想，一个重要根源，就是粗放型的增长方式已经根深蒂固地嵌入到了体制结构和政府运行机制之中，演变成为了政府行为的基本逻辑，地方政府推进经济转型升级和生态文明建设，至今仍然缺乏有效的激励机制和约束机制。

无论是过去30年政府主导型发展模式所形成的"路径依赖"效应，还是现行的政治行政体制的框架，特别是政府在经济社会发展中所发挥的暂时无可替代的重要作用，都决定了推进经济转型升级或者说发展方式转型的一个根本性问题，就是政府角色及政府管理模式的转型。必须看到，中国以往30年来推行的政府主导型发展模式，已经形成了一套相互制约、相互支撑的制度体系和政策体系，一整套政府行为的激励机制和运行机制。这种发展模式所产生的诸如偏重于追求经济增长速度，社会建设和公共服务供给相当滞后，过度依赖以投资拉动经济增长，社会利益格局严重失衡，内需长期不振，以及过度消耗资源，增长方式过于粗放等问题。当前我国正处于经济社会发展的关键时期，无论是实现产业结构调整和产业水平提升，还是实现市场经济体制由初级形态向成熟形态的转变；无论是工业文明建设与生态文明建设任务的叠加，还是人与自然、人与人的和谐关系的维系，都迫切要求加强行政体制改革的总体设计，实现政府角色定位和管理方式的历史性、结构性转型。

在一定意义上说，1983年底召开的第二次全国环境保护会议是有中国特色的环境保护道路以及符合中国国情的引导型政府生态管理职能真正确立的标志。因为这次会议明确制定了"预防为主"的环境保护政策方针，即中国政府环保工作的指导方针是放在预防生态环境问题的发生上，而不是末端的消极处理上。其具体内容和要求就是经济建设、城乡建设、环境建设必须同步规划、同步实施、同步发展，实现经济效益、社会效益和环境效益的统一。这种"三同步"制度与"三个效益统一"目标就是强调发挥我国政府生态管理职能的主动性和引导性，即在建设过程中加强引导功能，采取预防措施，以便在建成投入运行时就能够达到环境标准的要求。而所谓限期治理和污染集中控制，也是引导有关方面采取有效措施，以符合有关生态环境标准规定的要求。应该说，这种以预防生态环境问题产生为主的"引导型"政府职能要比那种生态环境问题产生之后被迫去治理的"干预型"政府职能具有明显的优越性，它可以大大节省生态环境方面的投资，还可以大大减轻对经济发展和人们健康的损害。实践也已经证明，以"预防为主"生态环境政策为主要特征的引导型政府生态管理职能不仅符合中国国情，而且富有成效。我国改革开放近三十年来，经济高速发展并没有带来生态环境的高速恶化。应该说，已有的生态文明建设成就应当首先归功于有中国特色的环境保护道路的探索与实践，应当特别归功于适应中国国情的政府生态环境管理职能的认识与强化。

二、政府参与生态文明建设的主要途径

在建设生态文明的过程中，政府要加强生态文明建设的规划和技术指导，发挥协调指导作用。生态型政府的建设要求遵循协同原则，社会系统要形成合力促使人类与自然的和谐共赢，而在这个社会系统中，政府要发挥协调作用，夯实中央政府与地方政府共同组

成的行政体系，增强整体性，在政策的制定和实施中践行整体原则，保证系统的整体利益。尤其是涉及生态环境保护和生态补偿的领域，应该以生态利益为主，达成共识。政府要将生态、经济、发展三方面的共同发展协调一致，不能顾此失彼，以生态环境为优先，对发展所涉及的各项利益都应当均衡地加以考虑，以平衡与人类发展相关的经济、社会和生态这三大利益的关系。此外，政府还要统筹规划全国生态文明建设行动，需要适应生态文明时代的新要求，对全国各地的生态文明建设行动加以总结，对原有的生态文明建设规划加以完善，通盘考虑全国各地的生态现实和生态需求，制订实施方案，为全国各地生态文明建设提供方向指引，确保生态文明建设能够上下联动、部门配合。

（一）培养生态人

生态文明绝不等同于一堆经济数字和图表，其核心内容是人的生态化，即在心理、行为、价值观念和思维方式上，把传统人彻底转变为生态人。生态人与传统的经济人或主体人不同，他的本质是人的社会属性和自然属性的统一，具有良好的生态伦理素养，追求当代人利益和后代人利益，追求人的利益和生态环境利益一体化、最优化，是实践活动中遵循生态学规律，寻求经济效益、社会效益和环境效益最大化的人。生态人认为人是价值的中心，但不是自然的主宰，人的全面发展必须促进人与自然的和谐，这是一种更高境界的人性假设，是对传统经纪人或法律人等类型的完善和超越。

首先，加强生态教育，树立生态文明的价值观念。文明的进步都是从解放思想、转变观念开始的，人类社会所面临的生态危机，从本质上说是生态文化观念危机所引起的后果，建设生态文明首先必须以思想观念的根本转变和深入人心为前提，具备生态文明的价值观念是培养生态人的思想前提。生态文明价值观是人的思维方式、伦理价值观念的彻底转变，表现为以人为本的科学发展观，人与自然和谐共生的生态价值观，资源节约的清洁生产观，拒绝浪费的绿色消费观。政府要建立和完善生态教育机制，把道德关怀引入人与自然的关系中，将生态文明理念渗透到生产和生活的各个层面，树立起人对于自然的道德责任感，增强全民的生态忧患意识、参与意识，使人们意识到生态财富既是增加社会财富的物质基础，又是社会富裕的重要组成部分，我们不仅需要创造和享受丰富的物质财富和精神财富，而且还需要有丰厚的生态财富，人们要像对待其他财富一样去追求、获得和珍视生态财富，这样可以激发建设生态文明的社会内在动力，使尊重自然、保护生态成为全民的自觉行动。

其次，在尊重规律的前提下，加强人的主观能动性培养。生态人不是被动地存在，而是具有很强的主观能动性，马克思强调："劳动首先是人和人之间的过程，是人以自身的活动来中介、调整和控制人和自然之间的物质变换的过程。"这就是说人类的劳动具有调整、控制人类社会和自然界之间的物质变化趋向良性循环的作用，自然界的生态平衡也必须借助于人的力量而实现，生态人借助于劳动等手段来调控人与自然之间的物质变化，从而实现着自然的人化过程，由于人类实践活动的无限性，人化自然的范围不断扩大，人将"再生产整个自然界"。

（二）发展生态生产力，实现产业生态化

　　工业文明所倡导的生产力是指人类征服自然、改造自然的能力，在这种观念的指引下，人与自然之间的矛盾日益激化。而生态文明所倡导的生产力，我们称之为生态生产力，即人类能够充分发挥主观能动性，符合生态系统运行的客观规律，通过控制自身的力量以及基于这种力量之上的生产行为来建立主客体关系，实现自然—人—社会复合生态系统的和谐协调、共生共荣。生态生产力的高度发展是生态文明的主要标志之一。生态生产力克服了工业文明生产力的许多弊端，是先进生产力发展的必然趋势，我们要想跨越发达国家所经历过的工业文明的工业化，进入生态文明的工业化，首先需要实现生产力发展的跨越，即从工业文明的生产力阶段进入到生态文明的生产力阶段。

　　实现产业生态化是发展生态生产力的有效方式。《21世纪议程》指出："地球所面临的最严重的问题之一，就是不适当的消费和生产模式，导致环境恶化、贫困加剧和各国的发展失衡。"所以，必须要改变传统的不可持续的工业生产模式。产业生态化就是以产业生态学为理论指导，按照自然生态系统的物质循环和能量流动规律，用生态化技术和信息化技术来改造工业，构造合理的产业生态系统，以达到资源的循环利用，减少废弃物的排放。因此，生态文明不仅需要工业化，而且还需要十分发达的工业化，是以生态文明的理念和方法来指导绿色经济模式。"在我国，推进节能减排，发展绿色经济，是当前扩内需、保增长、惠民生的重要举措之一，也是从我国国情出发，调整经济结构、增强发展后劲、化解资源环境瓶颈制约的长远之计。"当前，实现产业生态化，发展绿色经济，既是实施可持续发展战略和实现现代化目标的关键举措，又是经济结构战略性调整的重要抓手。发展循环经济是实现产业生态化的重要途径，它最大限度地利用进入系统的物质和能量，大幅度建设和杜绝废弃物排放，在节约资源、保护生存环境的前提下增加社会财富，体现了人与自然和谐发展的理念。"推进生产、流通、消费各环节循环经济发展，加快构建覆盖全社会的资源循环利用体系。"发展循环经济是我们用发展的方式来解决资源约束和环境污染问题的有效途径，我们要以高科技为依托，调整产业结构，发展以生态化技术武装的生态化工业、农业和服务业，逐步实现社会生产的生态化，使生态化产业成为重构经济系统，带动传统产业发展的经济增长点。

（三）转变消费观念，推广绿色消费模式

二战后，西方国家多数采用了凯恩斯的经济理论，采取刺激消费的政策。就当时经济危机非常严重的情况而言，这对快速修补被经济危机毁坏的生产链条，恢复岌岌可危的西方市场经济生命力，具有一定的进步意义。然而，这些旨在解决短期问题的政策主张却被人为地无限放大、拉长，形成了异化消费。资本家试图通过刺激异化消费达到两个目的：第一，使异化劳动合理化。资本家通过向个人提供几乎是源源不断的商品，来说明异化劳动是人们物质丰富和消费水平提高必不可少的条件，人们在异化消费中消除了对异化劳动的不满，异化劳动被赋予了合理性，资产阶级也找到了新的统治合法性依据。第二，刺激虚假需要，实现资本扩张。在利润推动下的大规模工业生产使产品出现了"过剩"，为了维持资本的持续增值，消费变成了新的生产力，异化消费因此成为资产阶级所极力倡导和推崇的消费模式。异化消费以占有多、好、新、奇的对象来显示自我的价值，把消费作为成功和幸福的主要标志。这样，消费的本原意义完全消失，异变为一种象征、符号、代码，成为划分社会等级、表征阶层差异的标杆。本来是用于满足人们生活所必需的消费产生了裂变，消费成了目的本身。异化消费是一种远远超出人生理需求的病态消费，造成了真正的需要和消费脱节。由媒体发起的越来越多的强烈需求欲望与相对下降的实际购买力之间矛盾不断加剧，容易形成两极对立的社会心理或社会意识，对社会和谐具有极大的危害性。由于消费主体的异化，消费客体的异化便在所难免，在过度消费观念引导下的大量生产，势必导致对自然界的掠夺式开发。

残酷的现实促使人们重新审视自我的需求和价值观，反思异化消费的生活方式，异化消费绝不能因其暂时性的经济合理性而得到辩护，人们就必须改变表达需要和满足需要的方式。绿色消费是一种既满足人的消费需求，又不对生态环境造成危害的高层次的理性消费。用绿色消费的理念去引导消费行为，是消除生态危机，最终实现社会全面协调可持续发展的必然选择。"倡导文明、节约、绿色、低碳消费理念，推动形成与我国国情相适应的绿色生活方式和消费模式。"作为一种全新的消费方式，绿色消费具有以下特征：第一，以减物质化或非物质化为手段。绿色消费使人们在满足基本物质需求的基础上，注重通过提高精神生活水平来获得幸福感，从而全方位地提高生活质量，实现表达需要和满足需要方式的彻底变革。第二，以人的全面发展为目标。消费本来是作为实现人全面发展的手段，但当其变为人的目的之后，人便异化为以消费来证明其自身价值，就会不自觉地逐渐沦为物欲的奴隶，扭曲个人的道德人格，把人推向病态化、单面化的畸形发展道路。绿色消费观把人的全面发展当作终极目标，强调的是物质生活与精神生活、眼前利益与长远利益的和谐统一，注重的是消费行为对人的全面发展的促进作用。第三，以适度消费为前提。绿色消费要求人类的消费需求理性地维持在一个"度"的范围内，即适应于国情国力，不超过自然资源和生态环境所能承载的限度。第四，以公平消费为基本原则。绿色消费要求每个人在行使消费自由权时，以不影响他人、社会和生态系统整体的、长远的利益为前提，注重代内公平、代际公平和种际公平。消费者是否采取绿色消费方式直接决定着绿色消费的社会化程度，政府可以利用财政、税收、价格、信贷等经济手段，把自然资源系统内在要素的价值纳入到社会生产的成本核算体系之中，在产品价格中追加自然损耗的成本，对自然生态系统提供必要的补偿。同时加强绿色消费理念的宣传教育，使消费者从根本上认识绿色消费的益处，推行政府绿色采购，用实际购买行为去影响和鼓励商家在生态环保方面做出努力。

（四）建立以绿色 GDP 为核心的干部政绩考核体系

干部政绩考核体系是上级机关考核、选拔干部的重要依据和人民群众评判领导干部工作好坏的标尺。GDP 是传统工业文明的一个典型标志，成为目前世界上比较通行的衡量一个国家发展程度的重要指标，也是我国传统的干部政绩考核最硬的指标，但是它在统计上存在着明显的缺陷，主要表现为只对最终的产品和劳务进行计量，而没有把资源环境成本计算在内，对可持续发展战略的实施构成了巨大的挑战。旧的干部政绩评价体系显然已不能适应时代要求，甚至会对干部产生误导作用，改革现行的国民经济核算体系，转变征集考核方式，成为当务之急。绿色 GDP 是指从传统 GDP 中扣除自然资源耗减价值与环境污染损失价值后剩余的国内生产总值，是用以衡量各国创造的真实国民财富总量的核算指标。它以传统 GDP 为基础，克服了其固有缺陷，力求将经济增长与资源节约、环境保护统一起来，综合性地反映国民经济活动的成果，不仅能够反映经济增长水平，而且能够体现经济增长与自然保护和谐统一程度。要建立领导干部生态问责制度和生态考核制度，加强政府的生态自律，建立和完善以绿色 GDP 为核心的干部政绩考核体系，这样可以使领导干部从单纯以 GDP 论政绩的观念中解脱出来，真正把可持续发展战略落实到经济建设的各个层面、各个领域，避免出现盲目追求经济增长而浪费资源、破坏环境的现象，促使经济走上健康发展的轨道。

【拓展阅读】

生态型政府

近年来，一些学者在生态文明建设的语境下，按照中国的话语习惯，提出了"生态型政府"建设的问题。

生态型政府是一个秉承生态文明理念，在价值目标上追求可持续发展，实现人与自然和谐，在制度上构建多主体互动合作的多中心治理机制，在政策上主要实施生态治理政策的政府。

应当说，提出"生态型政府"的建设问题，将生态文明的理念内化于政府角色的转型之中，是有积极意义的，它同服务性政府、责任型政府、法治型政府等概念一道，共同构成了政府转型需要完成的重大课题。从总体上讲，所谓"生态型政府"，就是追求人与自然相和谐，以保护与恢复自然生态平衡为目标和基本职能的政府。

一、理念准备

首先，在发展理念上，经济增长型政府以单纯的经济增长为宗旨，物质文明单兵突进，政治文明、精神文明、社会文明和生态文明明显滞后。生态型政府则以可持续发展为最高诉求，坚持发展应该是一切人的发展和人的全面发展，坚持发展生态文明，矫正人与自然关系的失调。

其次，在行政理念上，经济增长型政府片面追求效率优先，特别是简单化为经济效率优先，为了经济效率，往往牺牲地区公平、群体公平和代际公平。生态型政府并不一味否认效率，而是强调公平与效率兼顾，贫困地区、弱势群体和子孙后代的环境权尤其受到关注。再次，在环保理念上，经济增长型政府把环保简单化为行政化环保，过分依赖于行政管制，环保效果不明显。生态型政府则充分利用市场机制和公民社会，实施市场化环保与生态公共治理。

二、对策选择

树立科学的发展观，强化政府与全社会的生态意识和生态伦理价值观。政府部门应该积极倡导"环境友好"的消费方式，并以身作则，节约行政开支，切实成为环境保护的"代言人"。建立生态型政府，要建设领导政绩考核制度，政绩考核包含经济发展、环境保护、社会进步三方面。同时，加强和改善环境信息披露制度，通过新闻媒体向公众披露环境出现的问题以及解决的程度。组织建立和完善环境保护工作制度，通过宣传、教育等方式，带头和鼓励民众广泛参与环保实践。

促进政府职能向"生态管理"的转变，提高政府生态行政服务能力。"生态型政府"意味着既要实现政府对社会公共事务管理的生态化，又要追求政府行政发展的生态化。政府应立足公共服务、市场监督，把生态标准纳入政府机关的考核，促进政府政治行为的生态化。深化并细化政府生态服务性职能，逐步完善政府新型职能体系。更多遵循市场规律，以生态服务者角色，为社会和公众提供优质生态公共品。

落实部门责任制，加强监督评估，确保生态管理的科学化。将不同的政府部门管理职能有机统一起来，加强综合性、协调性的生态管理体制建构。尽快制定机关资源消耗定额和考核办法并建立健全资源节约奖惩制度，建设生态型机关。建立和完善环境与发展综合决策制度，使各种短期行为和机会主义行为受到约束。在制定和执行各项政策时，应充分考虑生态环境的承载能力和生态保护的需要，组织科学的监督、论证和评估，避免因重大决策失误而造成严重的生态事故。

加大生态科研研发投入，为构建"生态型政府"提供技术支撑。以企业为基础，用新技术改造和发展传统产业，使其获得新的生命力；同时，有重点、有选择地发展高新技术及其产业群，形成资源消耗少、资源和能源利用效率高的高新科技产业。鼓励环境科技创新，将相关科技成果融合国际先进成果，争取形成具有市场竞争力的产品或产业。

建立"生态行政"专家决策参与机制，鼓励"生态型政府"理论研究。应当加强对生态科学研究的支持力度，造就更多、更大、更强的生态科学专家队伍，积极主动地吸纳行政生态专家进入决策系统。

第二节　企业在生态文明建设中的重要地位

所谓企业生态责任，即企业的环境责任，主要是指企业在谋求股东利润最大化之外所负有的保护环境和合理利用资源的义务，是企业社会责任的一个重要组成部分。或者说"致力于可持续发展——消耗较少的自然资源，让环境承受较少的废弃物"，即企业在经济活动中认真考虑自身行为对自然环境的影响，并且以负责任的态度将自身对环境的负面影响降至力所能及的水平，使企业真正建设成为"资源节约型和环境友好型"生态企业。

一、生态文明时代企业生态责任建设的原因

当代全球性的生态危机，本质是资本全球化的危机，是资本追逐利润最大化的结果造成的。或者说，企业社会责任尤其是企业生态责任的严重缺失，是生态危机全球化和严峻化的主要根源。正因为如此，西方社会才发起了企业社会责任运动，并引入 SA8000 等企业社会责任体系规范企业的生态行为。在转型期的中国，企业社会责任尤其是企业生态责任缺失尤为严重。概括地说，我国企业生态责任缺失的外在表现是多方面的：我国企业生态责任观念落后、意识淡薄，多数企业家和管理者缺乏企业生态责任意识，不把保护生态环境作为自己应该担负的社会责任，而是一味地"杀鸡取卵""竭泽而渔"，急功近利地掠夺和榨取自然资源，破坏生态环境。企业家把追求经济利润最大化作为自己的目标，再加上我们国家的企业一般是粗放型加工企业，掠夺自然资源的情况更加突出和严重。同时地方政府对企业履行生态责任缺乏有效的监督，很多地方政府对企业守法行为和应承担的生态责任没有任何要求或者监督力度不够。一些地方政府官员唯 GDP 至上，片面注重企业的利润和税收，并以此作为衡量当地经济发展和自己政绩的标准。与企业生态责任相关的法律法规不健全，企业家和管理者生态责任意识薄弱，而外在社会环境则缺乏强制的"他律"对其加以制约。一些企业为了降

低成本，不顾国家相关法律规定，任意排放废水、废气和废渣等，将利润建立在破坏和污染生态环境的基础之上。我国总体生态环境的持续恶化，尽管原因复杂，但不可否认的是企业生态责任短缺与生态环境问题的严重性之间呈正相关性。企业生态责任的严重缺失，无疑是我国生态危机的主要根源之一。

生态文明已成为我国社会主义现代化建设的战略目标和绿色主题。生态文明所追求的"人与人"和"人与自然"的和谐关系能否实现，取决于每一个生态文明主体的生态责任意识和生态道德素质。其中企业作为法律公民，同样有着不可推卸的历史责任，加强企业生态责任建设已成为生态文明的迫切要求。企业是社会的细胞和最主要的经济主体，一方面具有为社会生产产品或提供服务的经济职能，促进社会物质文明程度的提高，同时企业的生产活动对自然环境有直接或间接的负面影响，会生产出一些我们社会不愿得到的副产品，如废气、废水、废渣等，从而带来破坏生态平衡、污染环境、危害人体健康以及社会正常发展等不良后果。因而从历史的逻辑的角度看，企业是生态危机的主要责任者。从现实看，工业文明时代企业片面强调追求经济效益的生态行为已经造成了当下严重的生态恶果。因此，企业生态责任意识的强弱和生态责任履行的好坏将直接影响到我国生态文明建设的成败。从某种意义上说，企业生态责任的履行程度也就决定了我国生态文明建设的水平和实现程度。

二、生态文明时代企业生态责任建设的主要内容

企业生态责任建设不能脱离生态文明时代的要求，同样也不能

脱离开企业本身的发展，以及企业主体生态素质的锻造。总的来看，企业生态责任建设至少包含以下内容：

（一）企业生态文明观的确立

观念是行动的向导。十八大报告中明确指出，要加强生态文明制度建设，"加强生态文明宣传教育，增强全民节约意识、环保意识、生态意识，形成合理消费的社会风尚，营造爱护生态环境的良好风气"。生态文明观的核心是人与自然协调发展。长期以来，企业奉行工业文明征服自然的理念，把经济增长作为自己的唯一责任。正是由于缺乏"生态文明理念"，所以在经济发展过程中随意污染和破坏生态，只求经济效益而忽视生态效益。因此，如果不改变传统的文明观，企业生态责任将缺乏生成基础。企业只有首先确立生态文明观，才能形成生态责任意识，也才能使企业自觉担当起保护环境和维护生态平衡的责任，实现经济效益、社会效益和生态效益的和谐统一。

（二）企业生态道德素质的提升

在康德看来，"责任奠基于行为者的自由意志的建设之上"。企业生态责任建设同样应当把企业员工的自由意志的培养作为重要内容来抓。也就是说，企业应当把外在的环境法律强制的生态责任内化为企业的内在自觉，而这是需要以企业所有员工的生态道德素质为基础的。生态道德素质主要包括生态道德认知、生态道德意识、生态道德意志、生态道德情感和生态道德行为。一般来说，企业的决策者、管理者和基层员工的生态道德素质水平决定企业生态责任履行的程度。所以，如果没有生态道德素质的强力支撑，企业生态责任建设是难以奏效的。只有全面提升企业的生态道德素质，企业在经济发展中才能主动自觉地承担起其该负的生态责任。

（三）企业生态责任体系的构建

企业生态责任体系是企业生态责任建设的核心内容，是企业生态责任观念走向现实、理论化为实践的重要指标体系。如果从内容看，企业生态责任体系主要包括：一是企业生产及其产品对生态环境所承担的责任；二是企业对自然的生态责任，即打破只强调人类对自然的权利而没有重视对自然的义务的传统价值观缺陷，自觉地保护自然环境，变向自然索取和掠夺为对自然的补偿和保护；三是企业对于市场的生态责任，即企业要以绿色市场为导向，生产绿色产品，严格遵守环保措施和制度，提供满足市场需要的健康产品，走高效能、低污染、低能耗的产品生产之路；四是对公众的生态责任，主要是指企业要注意生态资源的共享性、环境利益的均等性、生态后果的公担性。如果从企业生态责任主体看，企业生态责任体系应当包括企业领导决策者的生态责任、管理者的生态责任、生产者的生态责任。只有生态责任体系明确和完善，企业生态责任建设才能全面和有效。

（四）企业生态责任的教育

生态文明要求企业明确自己的生态责任，使生态责任成将其为企业自己的经营使命和指导思想，贯彻到企业管理中的各个方面，实现人—企业—生态—社会的可持续发展。但是如果企业员工对生态责任建设的意义认识不足，就会缺乏建设动力。因此，生态责任教育必不可少。通过教育可以使员工充分认识到，企业承担生态责任并非是一种负担，只要把握和利用好，完全可以将其转化为一种促使企业发展的机会。企业的发展有时候不一定在于技术革新、产品的创造、服务的增加，而在于具体生态环境问题的有效解决。企业履行生态责任往往是提升企业绿色竞争力的高效途径，不仅有利于生态环境的良性发展，创造商业价值，还可以尽量避免由生态环境保护引起的贸易纠纷；企业履行社会责任也是企业融入世界经济体系的有效捷径。适应了消费者绿色消费意识行为的变化，有利于企业形成独特的竞争优势。随着环境问题日益突出，人们越来越关注企业是否在为环境保护作贡献。绿色形象的树立，是企业无形的巨大财富，有利于企业打造核心竞争力。

三、生态文明时代企业生态责任建设的主要路径

上述企业生态责任建设的内容规定了企业生态责任建设的任务，而要达到符合生态文明要求的生态责任建设的目标任务，需要企业进行理性的路径选择，主要有如下几个方面：企业生态责任文化路径、企业生态责任社会环境路径和企业生态责任流程再造路径等。企业生态责任是企业文化的核心价值观，以企业生态责任为核心，建立生态价值观，加强企业的核心竞争力，正是企业推行绿色管理，推进生态文明的关键。因此，我国企业生态责任的治理与实现要围绕观念文化、制度文化和行为文化三大层次来解决：

（一）企业生态文化的营造

在企业观念文化层面上，企业文化是全体成员遵循的共同意识、价值观念、职业道德、行为规范准则的总和，它决定了员工的生态

行为方式。因此，企业应当通过种种措施，努力培育出承担生态责任的企业文化。企业生态文化营造，就是要求企业明确自己的社会责任并将生态责任理念融入到企业的使命中去，同时围绕企业生态使命在制订企业管理战略的过程中，把企业的生态责任感提升到战略的高度，使之成为企业经营的指导思想，并贯穿到企业经营的各个方面，实现人—企业—生态—社会的可持续发展。

在企业制度文化层面上，为企业生态责任建立健全的企业承担生态责任的监督约束和激励机制，其实就是强化对失范的生态行为的奖惩机制。一方面只有强化生态行为失范的惩罚机制，加大对失范企业的惩罚力度，才能使企业更加规范自己的生态行为。同时，在企业的规章制度中增加企业生态责任的奖励制度，对于认真履行生态责任的个人及团队给予表彰与激励，从而养成一个以讲生态责任为荣，违背生态责任为耻的企业生态文化氛围。此外，在企业组织结构中设置环保职位，例如：在企业的最高层管理层即董事会中，设置专职环保董事，负责处理环境事务，在组织制度上确保生态责任的有效管理。建立企业道德规则，规范企业行为，加强对非道德运作行为的控制；强化生态责任方面的教育，提升企业运作的道德素质。强化企业社会责任的道德调控，加强企业文化建设，塑造符合生态责任的企业制度文化，有利于将企业在生态责任方面的立场传递给每一位员工，最终树立起对社会的道德责任意识；还应以各种鼓励性措施来激励企业积极承担社会责任。

在企业行为文化层面上，开展多样化的生态责任的强化活动。企业行为文化是指企业员工在企业经营、教育宣传、人际关系活动、文娱体育活动中产生的文化现象。它是企业经营作风、精神风貌、人际关系的动态体现，也是企业精神、企业价值观的折射。企业生态行为文化建设的好坏，直接关系到企业职工履行生态责任积极性的发挥，关系到整个企业未来的生态文明发展方向。因此，企业可以经常开展相关的生态知识讲座、生态知识的讨论或辩论会、生态知识有奖竞答或生态知识演讲，以此来宣传企业的生态责任理念或企业价值观念。同时，企业可以开设生态责任信息平台，吸引和鼓励员工为生态责任建言献策，定期组织员工积极参与植树等环保绿色公益活动。

总之，文化是软实力，犹如无形之水，可以渗透一切。企业生态责任文化是灵魂，它将为每个员工履行生态责任提供坚实的支撑。

（二）企业生态责任社会环境的优化

企业生态文化是企业生态责任建设赖以推进的内在环境，而政府的生态责任社会环境建设是企业生态责任建设的重要保障。因此，为鼓励企业积极履行生态责任，政府必须完善环境法律，营造公平的生态责任建设的法律环境；政府要进行必要的税制改革，为企业捐赠免税或纳税优惠实施法律保障，以鼓励企业多参与保护生态环境的公益活动；设立政府"企业生态责任奖"，定期开展"优秀环保企业"评选活动，表彰模范履行生态责任的企业，激励和引导企业履行生态责任。同时，对不履行生态责任的企业予以重罚，不仅在经济上给予惩罚，而且在法律和道德上加以制裁和谴责。总之，政府要在政治、经济、法律、道德、舆论等各方面，全方位地优化企业自觉履行生态责任的社会环境。

（三）企业生态责任流程再造

企业生态责任流程再造是生态责任建设有效性的重要途径。生态责任流程就是在企业产品产生的全过程中，把生态责任意识渗透到企业的各个流程，它包括企业主动承担生态责任，自觉地采取绿色产品设计、制订绿色战略、开发绿色技术、推行绿色生产、实行绿色营销、进行绿色包装、建设绿色运输渠道、开展绿色促销活动、采用绿色公关、提倡绿色消费、开设绿色服务、鼓励回收再利用全过程防污控制的绿色流程，最终使企业的每一个环节树立生态责任观念，提高生态责任意识，建立企业生态责任行为规范体系，培育企业生态责任情感，养成主动承担生态责任的优良企业文化。通过再造企业生态责任流程，可以确保企业生态责任建设的规范化和有效化，使企业真正地实现人与自然、企业与自然的和谐相处，将企业建成"资源节约型、环境友好型"的绿色企业，从而在社会上确立起负责任的绿色环保企业的良好形象。

【拓展阅读】

生产者责任延伸制度与 HSE、QSHE 管理体系

一、生产者责任延伸制度概述

（一）生产者责任延伸制度的概念

生产者责任延伸的思想，最早可追溯到瑞典 1975 年关于废物循环利用和管理的议案。该议案提出，产品生产前生产者有责任了解当产品废弃后，如何从环境和节约资源的角度，以适当的方式处理废弃产品的问题。生产者责任延伸（Extended Producer Resposibility，以下简称 EPR）概念，是 1988 年由瑞典隆德大学（Lund University）环境经济学家托马斯（Thomas Lindhquist）在给瑞典环境署提交的一份报告中首次提出的，它通过使生产者对产品的整个生命周期，特别是对产品的回收、循环和最终处置负责来实现。托马斯教授的 EPR 设计了生产者须承担的五个责任：

1. 环境损害责任（Liability）：生产者对已经证实的由产品导致的环境损害负责，其范围由法律规定，并且可能包括产品生命周期的各个阶段。

2. 经济责任（Economic Responsibility）：生产者为其生产的产品的收集、循环利用或最终处理全部或部分地付费。生产者可以通过某种特定费用的方式来承担经济责任。

3. 物质责任（Physical Responsibility）：生产者必须实际地参与处理其产品或其产品引起的影响。其中包括发展必要的技术、建立并运转回收系统以及处理他们的产品。

4.所有权责任（Ownership）：在产品的整个生命周期中，生产者保留产品的所有权，该所有权牵连到产品的环境问题。

5.信息披露责任（Informative Responsibility）：生产者有责任提供有关产品以及产品在其生命周期的不同阶段对环境的影响的相关信息。

（二）生产者责任延伸制度的内涵

生产者责任延伸填补了产品责任体系中消费后产品责任的空白，确定了废物回收处理、处置、再循环利用上的责任主体。EPR概念提出后，首先运用于德国的《包装物条例》，后盛行于各发达工业化国家。这些发达国家在使用EPR概念时，往往都以托马斯教授首倡的概念为基础，结合本国国情，在内容上作了相应的修订与完善。根据EPR制度提出的背景，结合各国的观点，本文认为，ERP的内涵可界定为：以生产者为主导的责任主体对消费及其他环节所产生的废弃物的回收、循环利用和最终处置所应承担的责任。包括以下特点：

1. EPR强调生产者的主导作用。生产者对产品的设计、原料的使用掌有控制权，产品使用完毕后的回收、再生及处置应由生产者负责，生产者必须对产品的设计和原料的选择重新考虑，从而达到降低产品对环境的冲击。以生产者作为切入点引入外部激励，可以保证激励信号在产品链上下游顺畅传播，更好地减少废弃物，鼓励再生利用。

2. EPR强调的不仅是生产者的责任，它同时强调了整个产品生命链中不同角色的责任分担问题，包括消费者、销售者、回收者和政府等。

3. EPR 制度中的责任应限于消费后的回收、循环利用和最终处理阶段，以体现"延伸"的内涵。至于消费前和消费中的有关产品责任的问题，是一种独立的责任形态，由相关法如《清洁生产促进法》、《产品质量法》等规范。

二、生产者责任延伸制度的理论基础

（一）企业社会责任理论

公司的社会责任，意味着重新定义公司的目的，除了利润最大化外，还要加入一些社会价值，它不能仅仅以最大限度地赚钱作为自己的唯一存在目的，还应当最大限度地增进经济利益之外的其他所有社会利益，包括消费者利益、职工利益、债权人利益、中小竞争者利益、当地社区利益、环境利益、社会弱者利益及整个社会公共利益等内容。公司的社会责任既包括商法意义上的社会责任，也包括商业伦理意义上的社会责任。

对生产者来说，其自身性质所决定的责任就是为社会提供具有安全性和适用性的产品，这种责任是一种商业伦理范围内的社会责任，生产者是否愿意承担，很大程度上取决于其"良心"。EPR 遵循这一理论基础，通过对生产者责任的延伸，使企业在谋求自身利益的同时，必须承担相关的社会责任，其中自然也包括公司环境责任。笔者认为，在以此理论探讨 EPR 时，不仅要研究公司承担何种强制的法定责任，而且还要研究生产者该不该承担道德责任，以及能否将这种道德责任纳入法律倡导性规范的调整范围。

（二）外部性内部化理论

美国经济学家丹尼尔·F·史普博给外部性下的定义是，两个当事人缺乏任何相关的经济交易的情况下，由一个当事人向另一个当事人提供的物品束。从另一个角度讲，外部性是参加交易者的行为给与交易无关的第三人带来的成本或收益，它是一种成本或效益的外溢现象。

环境问题是典型的外部性问题。环境资源作为公共物品，具有非排他性和非竞争性两个基本特征，这使得环境资源的成本通常难以内部化，形成外部不经济性，每个市场主体都可以从不付成本的环境资源利用行为中获利，而由此产生的负效益则由其他人分摊。要解决这一问题，必须使私人成本内部化。EPR 通过对产品消费后废弃物循环利用责任的追加，实现废弃物管理阶段环境成本的内部化。

三、欧盟生产者责任延伸制度的立法实践

欧盟已经通过并实施了《废电池管理指令 91/157/EEC》、《包装与包装废弃物指令 94/62/EC 》、《废车辆管理指令 2000/53/EC》、《报废电子电器设备指令》（WEEE）、《在电子电器设备中禁止使用某些有害物质指令》（RoHS）、《整合产品政策》（IPP）以及 2005 年 8 月实施的《电子垃圾处理法》，EPR 是欧盟环保体系中的关键环节。

（一）WEEE 指令和 RoHS 指令

2003 年，欧盟发布了《废弃电子电器设备指令》和《关于在电子电器设备中禁止使用某些有害物质指令》，并且要求这两项指令的内容必须融入欧盟成员国的立法中。指令具体要求是从 2006 年 7 月 1 日起，禁止进口和禁止制造含有下列六种有害化学物质的电子电器产品：铬、铅、镉、水银、PBB、PBDE。也就是说，任何电子电器产品在 2006 年 7 月 1 日之后要想进入欧洲市场，必须提供不含有上述六种禁用物质的证明。这就要求生产企业在原材料选择采购时就需避免此类物质，从而达到保护环境的目的。

（二）生产者责任组织（PRO）

企业通过行业联合的方式成立生产者责任组织（PRO），由生产者责任组织建立共用的产品回收体系，企业委托生产者责任组织具体负责产品废弃物回收与处置。这种执行方式适合于回收品可以用做生产者的原料并且回收处置和利用过程通用性较强的情况，如玻璃、纸、金属等。在具体执行时，共同产品回收体系一般由生产企业、生产者责任组织、回收企业共同构成。生产企业将自己的产品回收责任委托给生产者责任组织，生产者责任组织依托各地提供具体服务的回收企业实施回收行动。

作为生产者组织的终端——废弃电子产品处理企业，其成立在欧洲各国政府有严格的审批程序，除有一定的资金、相对高的技术及设备要求外，还要求其有一定的环保要求——其所生产的再生材料必须符合绿色环保要求。如荷兰飞利浦公司，早在上世纪 70 年代就建立了处理废弃电子产品的附属企业，至 90 年代，该企业从飞利浦公司独立出来，目前已成为一个与 30 多家国际电器品牌公司合作的专营处理企业。

（三）几个成员国的具体政策

1.德国

通过了《关于防止电子产品废物产生和再利用法（草案）》。德国规定，电子产品应使用对环境友好和可再生的材料；应设计容易维修、拆卸的产品；应建立回收系统，寻找再利用的途径；对能再生的元件应使用适当的废物处理设施。此外还规定，电子产品生产者和分销商有回收电子产品和再利用的义务。

2.瑞典

瑞典规定，所有生产、进口的包装产品以及销售产品的企业都有对包装进行回收利用义务。EPR涉及的废弃物处理范围已从最初的产品包装扩大到废纸、废轮胎、报废汽车和报废的电子电器产品。

3.荷兰

荷兰规定，要通过减少材料的使用，延长产品使用周期，预防废旧产品产生。到2000年，电冰箱、洗衣机、热水器、洗碗机等的再利用率达到了90%，电视机、录像机、吸尘器、咖啡壶等的再利用率达到了70%，高档电器的金属材料再利用率达到了95%，聚合物材料再利用率达到了30%，对无法再生的废弃物处理方法优先考虑能回收能源的焚烧法。

四、中国生产者责任延伸制度的现状和完善对策

商务部公布的于2007年5月1日起施行的《再生资源回收管理办法》，规定了再生资源回收经营者（包括企业和个体工商户）的经营规则与再生资源回收行业协会的职责，并且规定生产企业应

当通过与再生资源回收企业签订收购合同的方式交售生产性废旧金属。特别一提的是，生产者责任延伸制度已被作为一项重要制度写入正在制定中的循环经济法草案稿中。

总之。尽管中国目前的法律法规中已经含有生产者责任延伸制度的一些条文或思想，但由于不明确、不完善、可操作性不强、缺乏普遍的刚性约束而收效甚微。中国 EPR 制度的建立和完善应该包括以下内容：

（一）EPR 的实施对象

确立 EPR 制度，首先要考虑的就是适用的对象。产品的寿命、原料和成分构成、市场分布状态、再生材料市场、回收利用的技术和经济可行性等，都是在确定产品是否适用 EPR 制度要考虑的因素。通常而言，产品回收价值和废弃物的环境影响是决定的主要因素。就国外的立法而言，首先适用于包装物，然后是电子产品、办公设备、汽车、轮胎、电器、电池、油漆和建筑材料等产品上。回收价值较高、环境影响较低的产品，一般可以自发地形成市场化回收再生体系；而环境影响较大、产量增长迅速、缺乏回收再生商业潜力的废弃产品，则需要政府政策的干预，是实施 EPR 制度的首选。就目前情况而言，中国应逐步和分项地把包装物、电子电器产品、废旧车辆、电池纳入适用规制，并在适当的条件下扩大这一制度的适用范围。

（二）EPR 的实施方式和政策性工具

生产者责任延伸制度在世界各国有不同的实施方式，从对最终处理责任完全由生产者负担到处理费用由生产者和纳税人共同承担，到产业自愿性计划或必要时由政府制定法规强制执行，通常有企业自愿、法律强制和经济刺激等三种手段。

中国在选择实施方式时，要比较三种方式的优劣，在确保实施EPR制度获得环境效益的同时，也要考虑对本国经济的影响。对于环境危害性大的废弃物，应由法律规定强制生产者承担延伸责任，同时运用各种适当的经济手段，赋予各种相关主体适当的责任和义务；对于环境危害性小，再生利用价值高的废弃物，可以通过自愿方式，或者借助市场机制引导生产者或其他社会主体进行回收和再利用。

EPR制度的实施方法通过一些具体的政策性工具来执行，实施工具必须综合搭配使用。涵盖EPR准则的实施工具可划分为法规性工具、经济性工具和信息工具三大类。

（三）EPR责任主体的确定和责任分配

1. 生产者的责任

生产者在废弃物回收处理中承担主要责任，包括：（1）负责产品的回收与利用。这一责任可以通过集中责任分担加以分散，一是由政府负责全部或部分的回收，生产者仅负责循环利用；二是生产者设立独立的机构来进行回收利用；三是在生产者负责回收的情况下，通过销售商回收产品，特别是大件耐用产品。（2）信息责任。生产者有义务在其产品说明书或产品包装上说明商品的材质及回收途径等事项。（3）分担废弃产品的回收处理费用。具体的承担费用可由回收企业处理单位电子废弃物的成本、处理速度、生产者的年生产量等因素决定，按比例在生产者和回收者之间进行分配。

2.销售者的责任

销售者承担的责任主要包括：回收废旧产品、收取费用、退还押金、选择并储存回收来的产品，并承担一定的信息告知义务，依照产品的性质和危害将其划分等级，附于产品铭牌和说明书上，以及在销售产品时，告知消费者诸如产品信息、消费者返还责任等事项。

3.消费者的责任

消费者的责任首先是把废旧产品交给逆向回收点或指定地点，其次是分担废旧产品的回收处理费用。消费者有三种付费方式，一种是预先支付，在购买产品时，处理费用已经预先附加到产品价格中；第二种是丢弃付费，消费者在决定丢弃时支付一定费用，这种模式可以鼓励消费者延长产品的使用寿命，减少丢弃数量，但容易出现不当的丢弃问题；第三种是押金方式，被广泛运用于饮料瓶、电池和轮胎等物上。

4.政府的责任

政府作为EPR制度的制定者和推动者，其责任主要有：制定EPR法律制度及相关参数，包括产品的分类标准、报废标准、回收拆卸的技术规范等；对EPR进行政策支持，包括实施政府绿色采购和绿色消费政策等；建立企业绩效评价体系，将EPR的执行情况作为评价的重要内容；对EPR进行监督等等。

EPR制度的设计应注重激励生产者在上游设计阶段预防对环境的污染，采用无毒无害或低毒低害的原材料，采用合理的产品结构，设计易于拆卸的产品，并充分考虑产品的特性和多样性，针对产品的特性采取不同的措施。生产者在设计阶段的责任可归属为道德责任，我国可采取分阶段、分行业引入并逐步强化的方式使之法律化。

（四）废弃物回收处置体系

健全的废弃物回收处置体系和再生产业有助于减少生产者责任的实施成本。在发达国家，为了实现对废弃产品的回收，有的企业建立了专有的产品回收体系，自己独立承担回收处理责任；有的企业通过行业联合的方式成立生产者责任组织，由 PROs 建立共用的产品回收体系，企业可以委托 PROs 具体负责产品废弃物的回收和处理，特别对中小企业来说，参加这种组织，可以大大降低履行职责的难度和成本。中国目前没有生产者责任组织，行业主管部门应促成 PROs 的建立，支持其建立该行业共用的产品回收体系，同时，对有条件的企业，鼓励他们建立专有的产品回收体系。

第三节　民众在生态文明建设中的基础地位

2006 年度地球奖于 2006 年 4 月 21 日在北京人民大会堂颁发。在 10 名个人奖、3 名团体奖和 10 名提名奖中，除 5 名个人奖获得者和 1 名团体奖获得者来自环保部门和政府，其余获奖者均为工程师、教师、农民或非政府组织负责人等民间人士。圆明园防渗透膜的听证和北京动物园搬迁受质疑，说明环境保护非政府组织正日益成为公民参与城市环保的重要力量；2007 年 2 月 28 日中国首部环境绿皮书——《2005：中国环境危局与突围》发布。随着中国公众参与环境保护的广度和深度不断提高，环境保护非政府组织与政府携手合作，正成为城市环境保护的新趋势。

一、生态文明建设需要公众参与

一方面，生态文明建设事关我们每一个人，需要人人作出努力。人作为生态系统中的一分子，无时无刻不受生态环境的影响，也无时无刻不在影响着环境。生态文明建设必然要求切实转变工业社会的生产方式、发展方式和消费方式，这就需要我们每个人从我做起，从现在做起，积极参与，共同推动。另一方面，公众参与是民主政治的基本要求，是生态文明目标得以实现的保障。根据民主理论，参与代表着确定目标及对所有社会问题选择手段的过程。参与本身不是目标，而是确定目标、选择优先项目和决定动用何种资财来实现目标的方法。公众参与就是把自己的需要和愿望传达给政府，生态文明建设不是少数人的乌托邦，而是全社会的共同理想，是最广大人民的根本利益所在，理应由全体人民共同来参与决定。

二、公众参与的主要途径和方式

公众对生态文明建设的参与涉及公众的环境权问题。公众的环境权包括环境资源利用权、环境信息知情权、环境信息传播权、环境意见表达权、环境决策参与权、环境政策监督权以及环境侵害请求权等，其实质是公众的生存权，是权利和义务的统一。

2002年10月28日，第九届全国人大常委会第30次会议通过的《环境影响评价法》（2003年9月1日正式实施）第5条规定："国家鼓励有关单位、专家和公众以适当方式参与环境影响评价。"并在第 11 条规定了具体的参与方式:"专项规划的编制机关对可能造成不良环境影响并直接涉及公众权益的规划,应当在该规划草案报送审批前,举行论证会、听证会,或者采取其他形式征求有关单位、专家和公众对环境影响报告书草案的意见。"这是我国公民的"环境权益"首次被写入国家法律,这也意味着谁不让公众参与公共决策即违法。随后,一些地方开始了公众参与单行条例的探索,2005年沈阳市率先出台了《沈阳市公众参与环境保护办法》。2006 年,以"圆明园防渗膜事件"为契机,原国家环境保护总局推出了《环境影响评价公众参与暂行办法》;2007 年又出台了《环境信息公开办法(试行)》。2008 年,国务院颁布了《中华人民共和国政府信息公开条例》,这标志着我国"公民有序政治参与"取得了实质性的进展。

现实生活中公众参与的途径和方式很丰富。就我国而言,合法的或体制内的途径至少有以下十种:政治投票和选举,通过各级人大、政协参政议政,信访制度,基层群众自治,行政复议和行政诉讼,社会协商对话制度,通过大众传媒参与政治,通过社会团体(NGO)参与政治,通过专家学者参与决策咨询,以及公民旁听和听证制度。

【拓展阅读】

厦门PX项目公众抗争事件

一、厦门PX事件过程

厦门市海沧PX项目，是2004年2月国务院批准立项，2006年厦门市引进的一项总投资额108亿元人民币的对二甲苯化工项目，2005年7月国家环保总局审查通过了该项目的《环境影响评价报告》，国家发改委将其纳入"十一五"PX产业规划7个大型PX项目中，并于2006年7月核准通过项目申请报告。

但是由于PX项目区域位于人口稠密的海沧区，临近拥有5000名学生的厦门外国语学校和北师大厦门海沧附属学校，项目5公里半径范围内的海沧区人口超过10万，居民区与厂区最近处不足1.5公里；同时，该项目于厦门风景名胜鼓浪屿仅5公里之遥，与厦门岛仅7公里之距，因此该项目开工后便遭受广泛质疑。

2007年3月，由全国政协委员、中国科学院院士、厦门大学教授赵玉芬发起，有105名全国政协委员联合签名的"关于厦门海沧PX项目迁址建议的提案"在两会期间公布，提案认为PX项目离居区太近，如果发生泄漏或爆炸，厦门百万人口将面临危险。此提案一经媒体披露，立刻引来厦门人的兴趣，那段时间，关于PX的帖子总会成为热门，不久，这些帖子内容变成了手机短信，迅速在厦门市民中流传。短信号召市民们去市政府"散步"，公开表达对PX项目的不满。

5月30日上午，厦门市市长召开会议，研究PX项目建设，听取了海沧PX项目建设情况的汇报，根据一些专家和市民的意见，决定暂缓建设海沧PX项目。福建省政府要求厦门市在原有PX单个项目环评的基础上扩大环评的范围，进行区域规划环评。6月1日，数千名厦门市民集体表达反对在厦门建设PX化工项目的心愿。6月7日厦门市政府宣布，海沧PX项目的建设与否，将根据全区域总体规划环评的结论进行决策。决策后将严格按照规划环评的要求，认真做好落实。6月7日，由国家环保总局组织各方专家，就海沧PX化工项目对厦门市进行全区域总体规划环评。12月5日公布的环评报告结论为，厦门市海沧南部的规划应该在"石化工业区"和"城市次中心"之间确定一个首要的发展方向。

12月8日，在厦门市委主办的厦门网上，开通了"环评报告网络公众参与活动"的投票平台；12月13日，厦门市政府开启公众参与的最重要环节——市民座谈会，最终结果显示，49名与会市民代表中，超过40位表示坚决反对上马PX项目，另外8位政协委员和人大代表中，也仅一人支持复建项目。12月14日，第二次市民座谈会继续举行。第二场座谈会有市民代表、人大代表和政协委员等97人参加，在座谈中，除了约10名发言者表示支持PX项目建设之外，其他发言者均表示反对。12月16日，福建省政府针对厦门PX项目问题召开专项会议，会议决定迁建PX项目。

从2004年2月国务院批准立项，到2007年3月105名政协委员建议项目迁址，厦门PX事件进入公众视野，至厦门市政府宣布暂停工程，PX事件的进展牵动着公众眼球；从二次环评、公众投票，到最后迁址，政府与公众，从博弈到妥协，再到充分合作，成为政府和公众良性互动的经典范例。

二、厦门 PX 事件公众参与的特点

（一）公众参与走上前台

厦门 PX 事件是民意的胜利，是公众参与生态文明建设的重要行动，也是公众参与政府决策走上前台的一个标志。厦门 PX 事件中，厦门市民通过群发短信等各种信息手段成功实现了自组织化，在环评报告出台期间，厦门市民通过电子邮件、信函、电话等各种途径向政府表达了自己的意见。在公众参与阶段，厦门市民积极踊跃，市民代表在发言过程中所表现出来的理性、素养打消了政府的诸多疑虑。最终，民意促使政府改变决策，将 PX 项目迁出厦门。

（二）科学界精英在厦门 PX 抗争事件中起到了关键作用

公众参与政府的影响力与具体参与者的身份直接相关，具有科学权威的院士的参与明显提高了公众参与的能量。厦门大学的赵玉芬教授，以科学家的社会责任，告诉了民众什么是 PX 工程。2006年 11 月，赵玉芬、田中群、田昭武、唐崇悌、黄本立、徐洵 6 位院士联名写信给厦门市领导，从专业的角度力陈项目的弊端。2007年 3 月的全国两会上，赵玉芬教授又联合百余名全国政协委员，提交了"关于厦门海沧 PX 项目迁址建议的提案"。提案中提到"PX全称对二甲苯，属危险化学品和高致癌物。在厦门海沧开工建设的PX 项目中心 5 公里半径范围内，已经有超过 10 万的居民。该项目一旦发生极端事故，或者发生危及该项目安全的自然灾害乃至战争与恐怖威胁，后果将不堪设想。"这份 105 名全国政协委员联名

的提案中，有几十所著名高校的校长以及十多名院士，这些专家以他们的治学为人之道和对社会的责任，力阻PX项目落户厦门。在2007年12月份的座谈会上，曾对厦门海沧区做过独立环境测评的厦门大学袁东星教授，用数据及专业知识对PX项目落户厦门表示反对。现代环境问题的科技含量极高，缺乏专业知识的公众参与往往因为不懂专业的科学知识而无法说服政府改变决策。科学家们权威的科学论证，既是对民众的环境启蒙，使公众对PX项目有了充分的了解，使公众更理性地参与到抵制PX项目的运动中来，同时这种专业的论证对于说服政府改变决策也是十分有利的。

（三）新媒体使公众参与形式更加多样化

根据国家有关规定，环境保护中的公众参与包括以下几方面内容：1. 积极参加环境建设，努力净化、绿化、美化环境；2. 坚持做好本职工作中的环境保护，为环境保护尽职尽责；3. 参与对污染环境的行为和破坏生态环境的行为的监督，支持环境执法，促进污染防治和生态环境保护；4. 参与对环境执法部门的监督，促其严格执法，保证环境保护法律、法规、政策的贯彻落实，杜绝以权代法、以言代法和以权谋私；5. 参与环境文化建设，普及环境科学知识，努力提高社会的环境道德水平，形成有利于环境保护的良好社会风气。来自草根的公众参与会在实践中丰富和创造更加多样化的形式。在厦门PX事件中，厦门市民通过多种多样的形式参与到反对PX项目的行动中来，比如提交议案、参加市民代表座谈会等。最值得注意的是包括手机短信、QQ、电子邮件等在内的网络新媒体所起的作用，公众通过短信联动和网络社区帖子进行互动，创造了百万短信议政的纪录。公众通过网络等新媒体来表达和汇聚民意，使政府逐渐认识到如果不得到公众的支持，PX 项目难以顺利运行，所以，最终做出了尊重民意的决策：放弃经济利益，保全生态环境。

（四）政府对公众参与的态度从拒斥走向合作

在 PX 立项之初，厦门市政府并未重视公众参与，没有主动向市民说明，反而加紧上马项目，同时采取收缴杂志、关闭论坛、屏蔽短信等社会控制措施。但随着事件的深入发展，厦门市政府逐渐转变了对公众参与的态度，并且以前所未有的公开、透明方式召开公众座谈会，这次区域环评座谈会是厦门市有史以来第一次大规模且大张旗鼓的公众座谈会，也是政府与民众互动新模式的初次体验。在座谈会期间，政府还广泛收集、整理、分析社会各界意见，对相关问题进行解答，并及时在政府网站上予以公布。回顾厦门 PX 项目整个事件，政府部门对公众参与有过忽略、不解、压制，但政府在后期所表现出的透明、公开姿态，充分尊重了公众的知情权，有力地消除了最初公众对政府的猜疑和消极抵制情绪，从而转向良性互动关系，并保障了政府关于 PX 项目下一步决策在阳光下运作，造就了政府与市民合作改变公共决策的经典范例。

【拓展阅读】

中国环境保护非政府组织的发展

　　环境保护非政府组织是指以环境保护为主旨，不以营利为目的，不具有行政权力并为社会提供环境公益性服务的非政府组织。

　　1994年3月，中国第一个真正意义上的环保NGO"中国文化书院绿色文化分院"（简称"自然之友"）在北京注册成立；之后，各地环保NGO发展迅速。2002年8月，14名环保NGO代表组成的中国民间代表队首次参加了在南非约翰内斯堡召开的联合国可持续发展世界首脑会议。

　　目前，中国环保民间组织活动领域已从早期的环境宣传及特定物种保护等，逐步发展到组织公众参与环保，为国家环保事业建言献策，开展社会监督，维护社会环境权益，推动可持续发展等诸多领域。

一、特征特性

　　1. 正式的组织性：即这些机构都具有某种程度的制度化和规范化的结构，临时和非正式的民众集合并不是NGO；

　　2. 非政府性：它必须与政府组织分开，既不是政府组织的部分，也不由政府官员充任的基金会所管理。但这并不意味着NGO不能接受政府的支持，或政府官员不能成为其董事，主要是它在基本结构上是民间组织，不能被政府所控制；

　　3. 非营利性：它不专为组织本身生产利润，而是在特定的时间聚集利润，用在机构的基本任务上，而不是分配给组织内的财源提供者，这是 NGO 与私人企业的最大不同；

4.自治性：即这些机构都基本上是独立处理各自的事务，能监控自己的活动，有内部的治理程序，不受外在的控制；

5.志愿性：即这些机构的成员不是法律要求而组成的，它们接受一定程度的时间和资金的自愿捐献，包括某些程度的志愿参与机构活动的导引或是事务的管理，特别是志愿人员组织负责领导的董事会。

二、作用和意义

1.倡导环境保护，提高全社会环境意识

动员社会的力量，组织民众参加环境治理，使大众成为环境治理的生力军，是环境保护非政府组织的重要功能。大部分非政府环保组织以环境教育为主要工作内容。50% 以上的环保民间组织建有网站，通过出版书籍、发放宣传品、举办讲座、组织培训、加强媒体报道以及开展环保公益活动等，向社会和公众宣传、传播环保理念，为提高公众环境保护责任意识和自觉性作出了贡献。

2.开展社会监督，为国家环境事业建言献策

在全国的许多城市，公众参与环境保护作为政府和非政府组织合作的一个重要机制正在得到积极的培育。

在环境治理中，政府既是管理者，又是被监督者。政府必须按照自己的职责履行法定义务，政府的行为是否到位、是否合法，要受到公众的监督。环境保护非政府组织凭借专业优势，自然成为理

想的监督者。它们监督政府实行环境主张，参与环境决策，积极建言献策。据调查，61.9% 的环保民间组织与政府之间有直接的沟通渠道，64.6% 的环保民间组织与政府之间有密切的合作关系。

3. 维护社会公众的环境权益

随着环境污染问题的发展，污染受害者开始作为一个特殊的弱势群体受到社会的关注。有关的非政府组织通过开展法律咨询等活动对污染受害者提供各种援助，在维护社会和公众的基本环境权益方面发挥了作用。中国环保联合会环境法律服务中心帮助污染受害者特别是弱势群体进行环境法律维权。

4. 保护生物多样性

中国是世界上生物多样性最丰富的国家之一，由于种种原因，我国生物的多样性遭受破坏，一些动植物濒临灭绝。中国环境保护非政府组织为保护生物多样性作出了贡献。环保民间组织"绿网"成功阻止了北京顺义湿地开发高尔夫球场的商业计划，使得北京平原地区唯一的一处湿地得以保护。

三、发展对策和建议

1. 资金运作更加合理化

（1）大力拓展资金来源渠道，争取从各个方面加大寻求支持，确保资金积累到位。

在现实活动中环境 NGO 可以以更少的投入获得更大的产出，因此应当能够挣得更多的政府资金和政策支持。社会的捐助也是环境 NGO 争取资金的对象。环境问题关系到每个社会成员的切身利益，是任何一个社会主体、社会组织无法逃避的共同责任。

（2）合理利用资金。

环境 NGO 的性质决定了其在环境物品的提供上秉承公共物品的一般原则。但显然在资金有限的情况下，如何合理分配投入到各项环境物品的供给，便成为一个重要的问题。众所周知，环境是一个非常广泛的概念，环境物品的提供表现在方方面面，这就使得环境 NGO 在具体的物品提供上有一个很宽泛的选择余地，在对行为对象的选择上存在机会成本，即把有限的资金投入某些环境物品时，必然有另一些环境物品丧失得到资金运作的机会，一旦决策出现失误，那么很容易导致资金运作中的浪费。这就需要环境 NGO 能够对环境物品需求市场进行深入的调查研究和系统分析，找出环境物品的紧缺点，集中力量解决好关键性环境物品的供给问题。在这个过程中要尽量提高决策的科学化水平，采取程序化等科学的方式，杜绝人为判断的失误。

2. 迈向国际化

环境问题的全球化使得各个国家的环境 NGO 也逐步全球化。面对全球化的大潮，中国必须积极应对，因此，为了维护人类的整体利益，中国环境 NGO 只有与其他国家的环境 NGO 积极合作才能促进环境问题的共同解决。

随着中国加入 WTO，社会也越来越走向开放，在很多国际性的环保交流活动中也开始涌现中国环保 NGO 的身影。在交流中，一方面国内 NGO 可以向国外 NGO 学习到很多东西，另一方面，国内 NGO 与国外 NGO 的合作开始日益频繁，这种合作也为促进国际间的友谊起到了良好的作用。

3. 利用网络资源，扩大影响

（1）把握信息化革命，推动环保事业发展。

环保NGO应利用信息化革命的契机，充分把握和利用网络资源，更好地节约成本，传播环保理念。现在，大部分的NGO都建立了自己的门户网站，利用网络平台及时发布最新的环保信息，呼吁更多的人关注环保动向，适时组织多种易于群众参与的环保活动，使环保更贴近人们的生活。网络的开放性和时效性可以有效地突破区域限制，让信息及时有效的传播，而这在环保NGO的协作工作中是非常重要的。利用网络方便信息共享与交流的同时，也可以减轻NGO通过传统方式进行联络所需承担的资金、物质等方面的压力。

（2）推进志愿者活动。

随着中国社会、经济、政治生活等多种外部环境的转型，政府逐渐释放出更多的公共空间，允许包括草根组织在内的民间社会参与到公益事业中来。草根NGO应该抓住并合理利用这种机遇，鼓励和大力推动环境领域的志愿者活动。志愿者是具有志愿精神的实践者，是环境非政府组织中重要的人力资源。鼓励和推动志愿者活动，能够极大地推动中国环境非政府组织的发展，因此，中国的环境非政府组织应协调和沟通媒体、政府、社区等机构，尽快地挖掘和利用潜在的巨大志愿者资源。

第三章　如何建设生态文明

我国国土广阔，总体资源丰富，但人口众多，所以人均资源占有率在世界排名较低，而且分布不均，许多资源位于难以开发的中西部地区，那里人口少、环境恶劣，但人口稠密集中的东部沿海地区却相对资源匮乏。基于以上原因，资源消耗型经济不适于我国，在开发时必须注重生态环境的保护。

改革开放后，我国经济建设在取得辉煌成就的同时也付出了过度消耗资源和深度环境污染的代价。我国与很多发达国家相比，创造同样的产值，但能耗却是别国的几倍。所以，发展绿色经济迫在眉睫。要实现经济社会的可持续发展，处理好人与自然间的关系，就必须以科学发展观来指导经济发展。科学发展观是一种按生态系统规律引导发展的生态文明发展观，要贯彻好科学发展观，需要社会各界的积极配合，无论是企业还是普通群众都要规范自己的行为，以实际行动保护我们赖以生存的环境。相关部门则要大力发展科学技术，打造出绿色科技体系，引导整个社会的生态价值取向。所以说到底，发展绿色科技，才是可持续发展经济的根本动力。

第一节　生态经济建设

一、什么是生态经济

作为一种科学的发展观，一种全新的经济发展模式，生态经济的发展备受各国关注。生态经济指在生态系统承载能力范围内，运用生态经济学原理和系统工程方法改变生产和消费方式，挖掘一切可以利用的资源潜力，发展一些经济发达、生态高效的产业，建设体制合理、社会和谐的文化以及生态健康、景观适宜的环境。

生态经济是实现经济腾飞与环境保护、物质文明与精神文明、自然生态与人类生态的高度统一和可持续发展的经济。生态经济又是"社会—经济—自然"复合生态系统，包括物质代谢关系、能量转换关系、信息反馈关系，以及结构、功能和过程的关系，具有生产、生活、供给、接纳、控制和缓冲的功能。

二、生态经济的特征

（一）生态经济的时间性

时间性是指资源利用在时间维上的持续性。在人类社会再生产的漫长过程中，后代人对自然资源应该拥有同等或更美好的享用权和生存权，当代人不应该牺牲后代人的利益换取自己的舒适，应该主动采取"财富转移"的政策，为后代人留下宽松的生存空间，让他们同我们一样拥有均等的发展机会。

（二）生态经济的空间性

空间性指资源利用在空间维上的持续性。区域的资源开发利用和区域发展不应损害其他区域满足其需求的能力，并要求区域间农业资源环境共享和共建。

（三）生态经济的效率性

效率性指资源利用在效率维上的高效性，即"低耗、高效"的资源利用方式。它以技术进步为支撑，通过优化资源配置，最大限度地降低单位产出的资源消耗量和环境代价，来不断提高资源的产出效率和社会经济的支撑能力，确保经济持续增长的资源基础和环境条件。

三、生态经济的基本内容

1. 生态经济基本理论：包括社会经济发展同自然资源和生态环境的关系，人类的生存、发展条件与生态需求，生态价值理论，生态经济效益，生态经济协同发展等。

2. 生态经济区划、规划与优化模型：用生态与经济协同发展的观点指导社会经济建设，首先要进行生态经济区划和规划，以便根据不同地区的自然经济特点发挥其生态经济总体功能，获取生态经济的最佳效益。城市是复杂的人工生态经济系统，人口集中，生产系统与消费系统强大，但还原系统薄弱，从而生态环境容易恶化。农村直接从事生物性生产，发展生态农业有利于农业稳定，保持生态平衡，改善农村生态环境。根据不同地区城市和农村的不同特点，研究其最佳生态经济模式和模型是一个重要的课题。

3. 生态经济管理：计划管理应包括对生态系统的管理，经济计划应是生态经济社会发展计划。要制定国家的生态经济标准和评价生态经济效益的指标体系；从事重大经济建设项目，要作出生态环境经济评价；要改革不利于生态与经济协同发展的管理体制与政策，加强生态经济立法与执法，建立生态经济的教育、科研和行政管理体系。生态经济学要为此提供理论依据。

4. 生态经济史：生态经济问题一方面有历史普遍性，同时随着社会生产力的发展，又有历史的阶段性。进行生态经济史研究，可以探明其发展的规律性，指导现实生态经济建设。

四、生态经济的计量

生态经济计量指运用数学方法，对生态经济系统内物质与能量的各种运动进行的计算。主要内容包括以下几个方面。

1. 自然资源的经济评价：据保护资源所允许的最大费用标准与开发资源所允许的最小效率标准，用相应的各种指标对包括工程项目、城市规划、区域规划和国民经济计划在内的资源开发与保护工作的评价。

自然资源经济评价是一个动态概念，各种资源的价值随着社会发展而变化。因此，经过一段时间后，需要重新修订自然资源的经济评价标准。

2. 资源利用的生态经济效益计算：先分别计算投入和产出，再用产出减去投入，求得净效益；或用产出除以投入求得投入产出比。

净效益越大或投入产出比越高，说明生态经济效益越好。在计算时，还要考虑近期效益与远期效益的结合，以及生态效益与经济效益的统一等问题。

3. 不恰当的资源利用造成的生态经济损失，可用实物量表示，也可用价值量表示。为了便于将不同的损失加以汇总，通常采用后一种方法。生态经济损失包括明显的直接损失和隐蔽的间接损失，后者往往需要经过多年之后才能完全显示出来。

计算某一系统的生态经济损失时，可以采取四种办法：（1）与情况相似的另一系统进行对照；（2）建立数理统计模型或系统仿真模型，找出每个因素与损失的关系；（3）由专家估计每一项损失，然后加总；（4）通过实验室试验，经过对比，计算出损失值。

4. 生态经济预测：借助于生态经济系统历史和现状的分析，求得对其未来的了解，以减少管理生态经济系统的盲目性。重点在于说明各主要因素变化的方向、速度及其不同组合对于整个系统的影响大小，为决策提供信息，减少不确定因素的影响。

全面的预测应包括对系统环境的预测、对系统结构的预测、对效益和损失的预测等。生态经济预测的成效一方面取决于理论的科学性和资料的可靠性，另一方面取决于预测人员的专业素养和分析判断能力。

5. 生态经济计量的应用：生态经济计量通常应用于制订生态经济系统的发展计划，确定调整系统结构的政策措施和经济措施，并预计其生态经济后果。

在现代生态经济系统日趋复杂的情况下，一般是利用大型计算机对生态经济系统进行反复模拟和计算。计算的方法通常是，建立反映生态经济综合效益的目标函数，建立反映环境对系统各种约束条件的方程式及反映系统内各主要变量间关系的函数式，通过直接求出目标函数极值或若干方案对比的方法，得到优化方案，并在此基础上制订整个系统的规划。

6. 生态经济计量的常用方法：投入产出方法、控制论方法、运筹方法、计量经济方法、系统动态分析及其他系统仿真方法、统计分析方法等。

五、我国生态经济的发展和建设

说到生态经济，本质上就是要实现经济发展和生态保护的"双赢"，坚持走可持续发展的道路。而企业要做的，就是以科学发展观为指导，要在保护生态的基础上，实现经济效益。要以建立绿色企业经营为目标，依靠绿色科技，优化产品结构，提高资源利用效率。只有坚持依靠可持续发展的路线，同时依靠市场机制，才能实现人与自然的和谐发展，也是追求经济发展的长远之计。

生态经济的发展主要体现在以下三个互动的层面：小层面即单个企业层面的生态经济，简称单一型生态经济；中观层面即企业之间的生态经济链，简称结合型生态经济；宏观层面即社会层面的生态经济层，简称复合型生态经济。三个层面的生态型经济，体现出从单一到结合，从结合到复合，层层推进，每一次的推进，都将促使经济运行质量得到改善和提高。企业作为发展生态经济的基本个体和基础，是实施生态经济的主体，也是体现生态经济效益最直接的个体，结合型生态经济和复合型生态经济都是建立在发展生态企业这一层面之上的。只有企业积极参与其中，实行生态管理，实现"最佳生产，最佳经营，最少废弃"，才会更好地推动整个社会经济的可持续发展。

现代型企业要从粗放型的一味追求量产转向精耕细作式的以质量取胜的效益模式，改变过去对资源掠夺式的开采方式，向生态型企业管理方式过渡。这就要求企业不仅要遵循市场经济规律的要求，还要因循自然生态规律的客观因素，采取绿色管理手段。更重要的是要培养绿色意识，自觉自发地协调生产与生态之间的关系。这其间产生的典型，会将这种可持续发展模式从一个点推广普及到整个生产领域甚至整个社会，引起整个环境生态意识的转变。从而实现全社会效益、经济效益和生态效益的"三赢"局面。

现代企业追求利润的方式应该是在绿色发展约束下的经营方式，这样才能实现可持续发现的目标。依靠科技是促进现代企业完善制度、优化资源的根本，只有寻找到生态管理的模式，才能实现生态管理经济，将企业真正地建设成为生态型企业。要始终遵循生态规律和经济规律，始终追求消耗最小的生产方式，整合利用资源，在可持续的基础上发展经济，始终将生态经济原则体现在生态经济形式上。

六、构建和谐社会、实现可持续发展必须走生态经济之路

1. 人与自然的关系和人与社会的关系，是现代人类社会的两种基本关系，而人、社会与自然的和谐统一是密不可分的整体。

从人与自然之间的和谐、人与人之间的和谐这两个层面来理解和谐社会，"和谐"应是尊重自然规律、经济规律、社会规律的必然结果，是可持续发展的客观要求。

和谐社会也是一种有层次的和谐，其核心层是人与人之间关系的和谐，即人与人的和睦相处，平等相待，协调地生活在社会大家庭之中；其保证层就是社会的政治、经济和文化协调发展，与和谐社会的要求相配套；其基础层是必须有一个稳定和平衡的生态环境。和谐社会必须在一个适宜的生态环境中才能保持发展，没有平衡的生态环境，社会的政治、经济和文化不能生存和发展，和谐的人际关系也会变成空中楼阁，无存在基础。因而，生态和谐是和谐社会的基石，没有生态和谐的社会不是真正的和谐社会。

2. 坚持科学发展观，构建和谐社会的立足点在于促进经济社会和人的全面发展。

这就要用和谐的眼光、和谐的态度、和谐的思路和对和谐的追求来发展生态经济，走人与自然和谐之路，不断改善生态环境，提高自然利用效率；就要加快改变环境与经济发展相对立的传统经济学观念，树立生态环境也是生产力，环境与发展两者应是协调统一的整体的生态经济学新观念，深刻领会人口、资源、环境与社会经济在发展中是相互关联、相互制约、相互依存的矛盾对立统一体；充分强调生态保护对国民经济和社会发展的重要作用，充分认识保护生态环境就是保护生产力，改善生态环境就能发展生产力。

3. 在我国当前条件下，大力倡导发展生态经济确实具有不同寻常的意义。

首先，这是因为我国经济正处于高速增长的时期，要特别注意发展道路再也不能重蹈覆辙，这方面我们过去是有深刻教训的。我们也要避免重蹈发达国家在现代化进程中有增长无发展的消极发展模式，实践证明这种传统的模式是难以为继的，甚至是危险的，我们应当自觉地走生态经济协调发展的道路。其次，经济增长是有代价的。如果高的经济增长是以破坏和牺牲生态环境为代价而得来的，那么这种增长的代价是极其高昂的。第三，我国的发展要发挥后发优势，一个很重要的方面就是要充分认识和发挥生态经济的裂变效应。它会带来工业的一种新的发展模式，即清洁生产；它会带来农业的新的生产方式，即生态农业；它还会带来服务业的新的增长方式。

4. 发展生态经济，必须进一步解放思想，更新观念。

要把发展生态经济作为 21 世纪的一项重大发展战略，明确发展目标，确立"立足生态、着眼经济、全面建设、综合开发"的发展思路，实现资源开发与资源培植相结合，生态建设与经济发展相结合，生态建设与经济发展相结合，实现经济效益、生态效益、社会效益的协调统一，创立生态经济的发展模式。要根据我国的国情，发展生态林业，发展水电等清洁能源，发展生态农业，发展有机食品工业，发展生态建筑及材料产业，发展生态旅游业和环境保护产业等。这些产业的发展不仅将有力地推动我国生态经济的发展，提升我国经济竞争力，而且还有利于扩大就业，而充分就业又是人口、经济、生态相协调平衡的重要内容，是生态经济的本质要求。我们要在尽量少破坏生态环境的前提下高标准、高起点、大力度地加强基础设施建设，建设绿色通道，发展生态交通，为生态经济发展提供支撑和依托，使生态经济与基础设施相互促进。要以发展生态经济为契机，对经济结构进行大力度调整。要利用发展生态经济进一步吸引和利用外资，扩大开放，同时通过进一步扩大开放促进生态经济发展。

5. 生态经济不同于以往的农业经济和工业经济，从理论到实践都是新生事物。

这种发展源于现代科技的日新月异，也源于群众智慧的创造发挥。所以，发展生态经济的关键在于创新，在于发展过程、发展机制和发展环境的优化，在于人的素质的不断提高、科技创新的高效转化、企业和基地的带动辐射、服务网络的全面覆盖。这是我国在推进生态经济发展过程中应着力抓好的关键环节。

【拓展阅读】
生态经济建设实例——鄱阳湖生态经济区建设

一、鄱阳湖区域概况

鄱阳湖位于江西省境内，古称彭蠡，《尚书·禹贡》有"彭蠡既潴，阳鸟攸居"之说，又有彭蠡湖、彭蠡泽、彭泽、彭湖、扬澜、宫亭湖等多种称谓。南北长 173 公里，东西最宽处达 74 公里，平均宽 16.9 公里，湖岸线长 1200 公里，湖体面积 3583 平方公里（湖口水位 21.71 米），平均水深 8.4 米，最深处 25.1 米左右，容积约 276 亿立方米，是我国最大的淡水湖泊。它承纳赣江、抚河、信江、饶河、修河五大河。经调蓄后，由湖口注入我国第一大河——长江，每年流入长江的水量超过黄河、淮河、海河三河水量的总和，是一个季节性、吞吐型的湖泊。鄱阳湖水系流域面积 16.22 万平方公里，约占江西省流域面积的97%，占长江流域面积的9%；其水系年均径流量为1525亿立方米，约占长江流域年均径流量的16.3%。

鄱阳湖是世界自然基金会划定的全球重要生态区，是生物多样性非常丰富的世界六大湿地之一，也是我国唯一的世界生命湖泊网成员，集名山（庐山）、名水（长江）、名湖于一体，其生态环境之美，为世界所罕见。

二、鄱阳湖生态经济区

鄱阳湖生态经济区是我国南方经济最活跃的地区，它位于江西省北部，包括南昌、景德镇、鹰潭三市，以及九江、新余、抚州、宜春、上饶、吉安市的部分县（市、区），共38个县（市、区）和鄱阳湖全部湖体在内，面积为5.12万平方公里。占江西省国土面积的30%，人口占江西省50%，经济总量占江西省60%。该区域是我国重要的生态功能保护区，承担着调洪蓄水、调节气候、降解污染等多种生态功能。鄱阳湖又是长江的重要调蓄湖泊，鄱阳湖水量、水质的持续稳定，直接关系到鄱阳湖周边乃至长江中下游地区的用水安全。鄱阳湖生态经济区还是长江三角洲、珠江三角洲、海峡西岸经济区等重要经济板块的直接腹地，是中部地区正在加速形成的重要增长极，是中部制造业重要基地和中国三大创新地区之一，具有发展生态经济、促进生态与经济协调发展的重要作用。

三、鄱阳湖生态经济区规划

国务院已于2009年12月12日正式批复《鄱阳湖生态经济区

规划》，标志着建设鄱阳湖生态经济区正式上升为国家战略。这也是新中国成立以来，江西省第一个纳入国家战略的区域性发展规划，是江西发展史上的重大里程碑，对实现江西崛起新跨越具有重大而深远的意义。

鄱阳湖生态经济区建设规划近期为 2009 年~2015 年，远期展望到 2020 年。2009 年~2015 年的任务是创新体制机制，夯实发展基础，壮大生态经济实力，初步形成富裕的生态与经济协调发展新模式。

（一）近期规划

到 2015 年，实现区域生态环境质量继续位居全国前列，率先构建生态产业体系，生态文明建设处于全国领先水平，实现经济的高速发展，达到富裕的现代化水平，努力打造辐射中东部的中国经济重要增长极。

（二）中长期规划

到 2020 年，实现地区构建保障有力的生态安全体系，形成先进高效的生态产业集群，建设世界级生态宜居、经济发达的新型城市群，打造中部崛起的象征，中国现代化的缩影标志性区域。为到 2025 年前后基本实现高等现代化打下良好基础。

四、鄱阳湖生态经济区的现行意义

加快建设国家鄱阳湖生态经济区，作为国家一项重要战略，有利于探索生态与经济协调发展的新路，有利于探索大湖流域综合开发的新模式，有利于构建国家促进中部地区崛起战略实施的新支点，有利于树立我国坚持走可持续发展道路的新形象。

国务院指出，要把鄱阳湖区生态经济区规划的实施作为应对国际金融危机、贯彻区域发展总体战略、保护鄱阳湖"一湖清水"的重大举措，促进发展方式根本性转变，推动这一地区科学发展。

国务院要求，鄱阳湖生态经济区规划实施要以促进生态和经济协调发展为主线，以体制创新和科技进步为动力，转变发展方式，创新发展途径，加快发展步伐，努力把鄱阳湖地区建设成为全国乃至世界生态文明与经济社会发展协调统一、人与自然和谐相处、经济发达的世界级生态经济示范区。

五、鄱阳湖生态经济区建设的具体措施

1. 保护生态环境，创建一流生态文明示范区。

主要是实施"绿色生态江西工程"，以水污染治理为重点，推进污水达标排放工程，制止非法采砂工程，农业面源污染防治工程，节能降耗减排工程，自然保护区、森林公园及湿地保护工程，血吸虫病防治工程等建设。同时，大力推进鄱阳湖生态水利枢纽工程的前期工作。

2. 加快经济发展，使环鄱阳湖区成为江西崛起的带动区。

主要是大力发展新型工业、生态农业和现代服务业；积极有序推进昌九工业走廊建设；积极推进生态工业园区建设。

3. 加强城乡统筹，使环鄱阳湖区成为江西城乡协调先行区。

合理发展大、中、小城市，逐步形成以产业为基础、功能互补、空间布局合理的环鄱阳湖城市群；继续落实以城带乡、以工促农的

各项政策措施，形成稳定、健全、高效的工作机制。

4.建立生态文明与经济文明高度统一的长效机制。

科学制订规划，指导生态经济区建设；加强立法，制定和完善加强鄱阳湖保护治理、促进经济开发等方面的法规；制定新型产业发展的政策导向，分行业制定鼓励、限制、禁止发展的产业目录；利用财政转移支付，加大对生态保护和高新技术产业的扶持力度。

第二节　生态政治建设

一、什么是生态政治

在第一章里，我们已经介绍了"生态"从广义到狭义两方面的定义，"生态政治"也就有了双重内涵定位。

一是以阐释生态政治系统为其主要内容的生态主义理论重新架构。这种观点认为，生态政治的研究对象和内容不能限于传统的政治学领域，而要以建构与描述生态政治系统为其主要内容，这种生态政治系统包含但又不同于政治生态系统，因为它既要研究政治生态系统，还要着重于研究政治系统与作为其环境的其他非政治系统的生态关系。在内涵上，把生态政治理论从以自然生态的维护为中心，转变为以政治生态化为中心；在外延上，把生态政治理论的研究领域从政治自然生态层次推进到政治社会生态理论及政治体系"内生态"层次。而这种新的生态政治理论强调的政治生态化，即指政治过程不再局限于政治体系内部的利益纷争，而且包括广阔的社会空间和自然领域。这种生态化的政治包括两个层面：第一是政治体系的"内生态"，其认为一个民主的政治体系如果要保持其良好的内生态，必须以历史的传统性、目的的人民性、体系的开放性和运行的制衡性为其准则；第二是政治体系的"外生态"，即政治体系与社会以及政治体系通过社会这一中介与自然之间形成的互为助益的动态平衡关系。

二是以解决自然生态环境问题为己任的传统政治学内容应用拓展。这种观点认为，"生态政治学遵循生态学原理和系统科学方法论，针对人类面临的以生态环境、自然资源等危机状态为主的各种危及人类生存的重大问题，寻求战略层次的根本性、长远性解决"，"要保持好自然生态，我们不仅需要伦理观点的支撑和人类价值观念的更新，还需要法律、政策等强制性的手段。……现在，生态活动已不仅是个经济和技术问题，也是一个包含着政策主张与选择的政治问题"。与传统政治学相比，生态政治是在通晓生态学的基础上，将人类放到自然生态系统的背景中，改造传统的政治知识及实践框架，以适应环境保护和人类社会发展的需要，保持生态平衡。它的核心是在通晓传统政治学的基础上，运用政治知识更好地分析和解决环境问题；并且为了更好地解决环境问题，对传统的政治知识及社会政治过程进行校正甚至重新建构。

由于思维方式与价值目标的不同，上述两重定位的生态政治存在着明显的差异，其主要表现为：

第一种定位的生态政治并没有突破传统政治学的学科规定，生态政治只是传统政治学的一种应用；而第二种生态政治学已不在传统政治学的理论视野之内，而演变成为一种所谓的"大政治"或"广义的政治"，并认为这样才能体现现代文明政治的时代特征。

第一种定位中的"生态"表明的是要尊重作为自然科学的生态学所揭示的生态规律之要求，解决日益严峻的自然生态环境危机问题，因而也是直接针对生态政治理论形成的初衷而言的，从这种意义上说，它是一种环境保护主义的生态政治理论；第二种定位中的"生态"倡导的是一种生态思维方式，是一种具有普遍性的生态学理论、观点与方法，而生态政治就是将这种生态思维方式转化成为一种全新的政治思维方式。这种定位可以说是一种生态主义的广义政治学理论。在这种定位下，保护与改善自然生态环境已不是其最直接的甚至最重要的价值目标了。

第一种定位的生态政治直接面对自然生态环境危机，着重于在传统政治学理论框架中，谋求解决自然生态环境问题的政治观念、政治制度、政治方略与政治措施，因而更多地体现出实践性、应用性和问题性等特征；而第二种定位的生态政治侧重于运用生态学思维方式重构一种全新的大政治学理论体系，因此也就更多地具有理论性、逻辑性和体系性等特征。

二、生态政治的特征

（一）生态政治的科学性

当代中国生态政治的科学性首先体现在它具有科学理论的指导，即以马克思主义和可持续发展理论为基础；其次体现为通过科教兴国战略和人才强国战略解决中国发展中的生态环境问题。另外，其科学性也体现为行政决策过程中严格遵循自然规律；在以生态管理和生态建设为主的生态政治实践中广泛采用先进的科学技术，体现为发挥人的主观能动性，建立和维护人与自然的相对平衡，促进生态系统的良性发展。

（二）生态政治的全面性

生态政治的产生和发展揭示了它与经济和社会系统之间紧密的联系。生态问题的根源在于经济活动的不恰当，生态问题的扩大会逐步演化为社会问题和政治问题，因此，生态政治事关全局，涵盖面极其宽泛。所有的生态环境问题都具有波及范围广、影响面积大的特征，无论何种阶层都难于幸免生态恶化所带来的危害；生态保护和治理行动必须克服"自扫门前雪"的传统思维，树立区域"一盘棋"的宏观理念；生态政治的主体是全体公众，解决生态环境问题就要依靠全社会的努力，要采取政治、经济和社会的综合手段来实现。

（三）生态政治的人文性

科学发展观的本质和核心是"以人为本"，就是要不断满足人民群众多方面的需求和促进人的全面发展。它从根本上调和了长期以来理论界关于"人类中心主义"和"自然中心主义"的争执。"以人为本"是对人类自然观的一次飞跃，既避免了把人混同于世间万物的消极的"生物中心主义"，又纠正了工业文明以来"征服自然"和盲目自大的"人类沙文主义"倾向。"以人为本"也是儒家传统的"伦理道德阶梯论"在当代的再诠释，真正体现了"人是万物之灵"。坚持计划生育的基本国策，实施科教兴国战略，积极开发利用我国丰富的人力资源，加快自然资源经济向知识经济转化的步伐，提高科技进步和人力资源在经济增长中所占的份额是立足当代中国实际的最有效的发展途径，充分体现了"以人为本"的人文思想。

（四）生态政治的和谐性

和谐性是生态政治区别于传统政治的显著标志。生态政治所追求的和谐是人与自然的和谐。第一，自然环境是人类社会赖以存在的重要物质基础，人与自然的和谐是尊重自然规律的必然结果，是可持续发展的客观要求。要强化全社会的生态价值观，把生态环境作为社会经济可持续发展的最基本要素，把人民群众的生命健康安全与日益恶化的生态环境之间的矛盾作为今后一个相当长时期内的社会主要矛盾来认识和理解，切实开展生态环境的保护和建设活动，坚决避免走上"先污染，后治理"的歧途。第二，社会主义生态政治是人与自然、自然与社会和谐的有力武器，包含着尊重自然的基本诉求，代表着最广大人民群众的根本利益，是对资本主义竞争理论的彻底修正，与共产主义社会的价值追求一脉相承。第三，关注生态健康，促进人与自然的和谐是构建和谐社会的前提，是人类现代文明的最高表现。要倡导生态友好型的消费方式和生活习惯，建立一种自我克制、自我超越的节约型社会，实现物质消费型社会向精神消费型社会的转变。社会主义生态政治的和谐性要求对传统经济发展模式进行自觉调控，使全体人民在公平、公正的前提下实现共同富裕，实现工业文明向生态文明的转型，实现"人和自然界之间、人和人之间的矛盾的真正解决"。

（五）生态政治的社会公正性

政治的目标和功能在于保证社会的稳定，同时让社会充满活力。现实的要求是在平等的规则下，保证人人享有同等的发展机会与权利。良好的生态环境是人类社会赖以生存和发展的根本要素，享用清洁的水和清新的空气是人民群众生存权的基础，以任何形式破坏生态环境都是对公众生存权利的侵犯。市场经济的发展历程已经说明，市场虽然可以解决资源的有效配置，增加社会财富，推动社会进步，但也有其先天不足的一面。要解决生态资源和社会财富的占有、消费不公平问题，必须运用生态政治的系统思维观，在代内和代际间公平地分配生态系统的服务，建立一种"容忍今天的奢华就是牺牲明天的生存，承认富人的浪费就是漠视穷人的饥渴"的社会正义，才能真正实现全面、协调的发展。

（六）生态政治的民主性

社会主义民主政治的本质是人民当家作主，共产党的领导有利于支持人民当家作主，最广泛地动员和组织人民依法管理国家和社会的事务，维护和实现人民群众的根本利益。基层民主和公众参与是社会主义生态政治建设的有机组成。基层民主和公众参与首先是为了实现公民的环境权这一基本生存权利，核心在于充分发挥人民群众的主观能动性和伟大的创造精神，保证人民群众依法管理好自己的事情，是"还权于民"的一次实践，也是促进生态环境保护的社会行动。基层民主有助于和平解决生态环境问题，避免因为生态环境利益追求引发的社会动荡；有助于实现公众对政府生态政策和生态系统管理的监督。基层群众对周围生态环境具有他人无法比拟的认知和适应能力，他们的参与可以促进决策的科学化和公开化，避免在生态环境利益上的政治腐败和生态系统管理中的决策失误。

（七）生态政治的有序性

有序性是良好生态系统的重要标志。社会的有序性在于政治、经济、文化和社会生活各方面有章可循。生态恶化已经直接影响到人民群众的生命健康和社会的发展进步，生态问题的解决迫切需要依靠法治这一现代政府最主要的社会管理手段。健全的法律制度和良好的法治氛围，是生态政治的内在要求和必要保障，法制建设已经成为保证生态政治目标实现的重要途径。针对生态法制在我国起步较晚，人民的生态法治观念相对淡薄，盲目追求经济利益而产生的生态环境违法犯罪事件屡见不鲜的现实，要加大生态环境法律法规的宣传教育力度，强化公民的环境权利意识，提高公民保护生态环境和合理利用自然资源的常识，加大对生态犯罪的惩处力度，使生态犯罪主体得到应有的法律制裁。在逐步完善生态法律体系前提下，进行法律监督，实行严格、公正的行政执法和司法，切实发挥生态环境法律规范的调整作用和保障作用，营造一个"知法守法、安定有序"的生态法治社会。

三、生态政治的基本内容

生态政治理论的明显特征在于它认为应该在政治的高度上认识和把握威胁人类生存和发展的生态危机问题，并从根本上促进人类思维的变革。生态政治针对生态破坏、资源枯竭、人口爆炸等危机，反思人类经济技术发展价值取向，重新审视了公平、正义、自由、民主、权力、利益等政治术语，揭示了生态与社会、增长与发展、民主与权利、当代人与后代人之间的关系，从而向传统政治思维、政治制度、政治管理活动等提出了挑战。它否定对自然资源的掠夺，否定剥削经济，反对破坏自然生态平衡，主张生态学原理、社会责任感、基层民主以及非暴力的基本原则，希望建立一个没有暴力、和平、公正、民主、人与自然和谐发展的新社会。生态政治的最可贵之处在于要建立一个把人从膨胀的物质欲望中解放出来，以开发人的创新思维为目标，以教育和创造为手段，将社会的发展植根于人的智力开发和智力成果之上的生态文明社会。

四、生态政治的实践活动

生态国际社会的生态政治化发生机理和发展进程大致可划分为四个阶段。第一个阶段是随着人口的激增和物质生活需求的不断增加，人们加大了对自然生态系统的攫取力度，当这种攫取超出了生态系统的自我平衡能力之后，逐步引发了生态危机。第二个阶段是生态危机的不断扩散危及到了人们正常的生产与生活，引起了人们对生存前景的疑虑和担忧，生态问题逐步演变成为社会问题。第三个阶段是社会不同利益阶层因为生态危机而产生尖锐的矛盾，特别是无法通过技术进步而改变自身生活环境的占人口大多数的群体，会通过各种形式的社会活动来表达自身的不满，甚至产生过激的行为，进而危及社会秩序的稳定，局部地方出现社会危机。第四个阶段是社会的混乱和社会各阶层的对立迫切要求政府出面调和社会矛盾，维护社会稳定。生态政治化的结局是政府开始利用公共权力，采取政策导向、经济手段和法律约束等措施对生态环境开展科学有效的管理，减缓生态恶化的进程，逐步恢复生态系统原有的功能，把社会经济活动严格限定在生态平衡能力之内，实现可持续发展。

（一）国际社会的生态政治活动

生态政治实践萌发于19世纪欧洲的动物保护组织团体，初期以非政府、非官方的生态和环境保护形式出现。20世纪50年代末期，近地表范围内的环境污染发展到了高峰，并且成为发达资本主义国家的一个重大的社会问题。之后，环境保护运动蓬勃兴起，广大民众开始组织起来对政府和企业施加压力，要求企业控制污染、治理公害，要求政府加强立法及管理，这一时期的主要特征是人们面对日益恶化的自然生态环境开始作出社会性关注和集团化、组织化的努力，主要方式是通过广泛的宣传发动和大规模的示威游行活动影响公众和政府，从而达到全社会共同行动起来防止生态环境恶化的目的，具备了生态政治的基本要素。20世纪70年代以后，环境问题已经被普遍认为是一个全球性的问题。1972年在瑞典斯德哥尔摩召开的人类环境大会上通过了著名的《人类环境宣言》，揭开了世界生态政治共同体行动的序幕。与此同时，各种正式的和非正式的以"绿色"为标志的政党和组织纷纷成立，反映了各国政府和世界人民对全球绿色政治运动的关心和参与。20世纪90年代以来，欧洲的一大批绿党进入议会，参与政权，从而丰富了公众的政治生活，改变了许多国家的政党格局。一个旨在维护自身生态利益，通过组织化程度较高的政党形式参与社会事务、争取和利用社会公共权力影响政府决策的新型政治形态开始出现，生态政治的各个要件已经完备。

(二) 生态政治的发展取向

西方工业化国家的生态政治行动在局部地区取得了一定成效，但就全球范围而言，生态恶化的趋势并未得到根本性的扭转。生态环境问题在一些国家和地区甚至逐步演变为国家安全问题，为争夺水资源而发生的局部战争和因为生态系统失调而出现的"生态难民"，使国际社会的生态政治行动更加扑朔迷离。环境殖民主义的出现和蔓延，虽然一定程度上改善了发达国家的生态环境，但却给广大贫穷、落后的发展中国家造成了巨大的环境灾难，导致国际社会的贫富差距不断加大，世界性的生态恶化日益加剧。以绿党为代表的欧洲政坛为生态政治的发展壮大作出了巨大贡献，提供了成功的范例，但从绿党执政后的表现来看，其生态政治主张与社会实践大相径庭，绿党的许多政治纲领基本上成为参加竞选的口号。在全球霸权主义和联合执政伙伴的压力之下，绿党的生态政治理论和行动滑入了"空想"的泥潭。生态马克思主义的出现，为生态政治的继续发展开辟了新的天地，也为生态危机的根本解决指明了方向。生态马克思主义认为，生态危机的根源在于资本主义社会的经济社会结构和价值取向，具体表现为"异化消费"和"技术统治"的发展模式。生态马克思主义认为，要战胜生态危机，首要解决的问题是克服"异化消费"，确立社会生态价值观，把消费限制在一个合理的范围之内；要改变资本主义"物欲至上"的财富观，实现由物质财富占有向精神财富占有的转变；摆脱生态危机的根本出路是建立"稳态"的社会主义经济模式。另外，要求实现技术的民主化和分散化，打破技术垄断，把人和自然从技术统治中解放出来。无疑，生态马克思主义对生态危机的解析和对策在相当长的一个时期具有科学的指导价值，是生态政治发展的主要趋向。从马克思主义的基本观点出发，我们不难得出唯有共产主义和社会主义制度才能彻底根治生态危机的结论。

五、我国生态政治的发展和建设

我国理论界对生态政治的关注源于 20 世纪 90 年代，总体上分为"生态政治化"和"政治生态化"两种。两种观点分别以"生态"和"政治"为中心，从不同的侧面对生态政治进行了解释和研究，提出了各自的研究体系。区别在于"生态政治化"倾向于运用政治和社会手段解决生态环境问题，是政治在生态系统管理中的具体应用，对中国目前所面临的生态问题具有很强的现实意义。而"政治生态化"则注重政治活动本身的发展，希望政治建设要借鉴生态系统的一些运行规律，理论色彩比较浓厚，对建设中国的政治文明具有较好的启迪。针对中国的历史和现状而言，生态政治化将是今后相当长的一个时期内中国社会主义政治文明建设的重要构成。

（一）当代中国生态政治的根源

改革开放以来，我们用短短三十多年的时间走完了发达国家上百年的路程，创造了十一五我国 GDP 年均增长 11.2% 的经济奇迹，13.4 亿中国人民生活总体上达到了小康水平，取得了举世公认的伟大成绩。但由于我国大部分地区自然环境脆弱，人口基数大，发展模式粗放，管理和科技相对落后，致使生态环境遭受了严重的破坏。在区域范围已出现大气、水体、土壤污染相互叠加放大的格局，对生态系统、食品安全、人体健康构成了日益加重的威胁。大气污染，酸雨范围扩大，森林缩小，荒漠化加剧，草原退化，生物多样性消失，气温上升，地下水位下降，江河断流，湿地萎缩，水生态系统失衡，生态服务功能下降，这些现象导致国民经济损失逐年扩大。可以说，我国经济的高速发展在很大程度是以资源、能源的大量消耗和环境污染加重为代价的，是在生态透支的基础上实现的。

日益恶化的生态环境，给我国经济和社会带来极大危害，严重影响可持续发展。一是威胁国家安全。我国人多地少，土地后备资源匮乏，水旱灾害频发，如果不能有效地控制水土流失和土地荒漠化，将严重影响我国的生态安全。二是经济的可持续发展难度加大。当前，我国的 GDP 仅占全世界的 5%，但消耗的原煤、铁矿石、钢材、氧化铝、水泥等却占世界消费总量的 15% ~ 48%，石油、铁矿石的进口依存度分别达到 56.7% 和 56.4% 以上，每万元 GDP 的能耗水平超过发达国家 3 ~11 倍，中国已经进入水、土资源和能源、矿产资源全面紧缺的时代。三是生态环境问题的社会化倾向十分明显。主要表现在生态环境的恶化加剧了落后地区的贫困程度，水污染、空气污染越来越威胁人民群众的生命健康，饮用清洁的水和呼吸清新的空气成为改善生活质量的追求。零点调查公司于 2006 年至 2011 年连续五年开展的"中国城市居民生活质量指数调查"结果表明，物价、房价、食品医药安全与环境问题一起成为人民群众最为关心的社会问题，其重要程度远远超过了我们常规理解的社会治安、廉政建设和经济增长等传统政治话题，体现了现代居民对生存环境状况的严重关切，提醒我们生态环境的政治解决已经迫在眉睫。

（二）生态环境问题的政治化

我国是一切权力属于人民的社会主义国家。社会主义的根本任务是解放和发展生产力，满足人民群众日益增长的物质和文化需求。正是因为中华民族优良的"天人合一"的传统、社会主义制度的优越性和中国共产党全心全意为人民服务的宗旨观念以及强大的国家调控能力，中国的生态政治化进程具有自己鲜明的特色。我们并没有重蹈西方工业化国家生态政治的老路，基本上是在生态危机的萌芽状态便产生了相应的生态政治行动，从而避免了在工业化进程中爆发大规模的生态环境危机，更没有因此而引发社会危机和政治危机。中国的生态政治化具体体现为以下三个方面。

首先，当代中国的生态政治化体现为中国共产党的生态关注和政治主张。中国共产党的领导和执政，是历史的选择、人民的选择，其本质是领导、支持和保证人民当家作主。当生态环境危机制约和阻碍社会生产力的发展，威胁到人民群众的生命财产安全时，中国共产党给予了极大的关切，自 20 世纪 90 年代中期以来相继提出了科教兴国和可持续发展战略、科学发展观等一系列具有全局性的政治纲领和指导方针，为解决我国当前经济社会发展中诸多矛盾和问题奠定了坚实的政治基础。

其次，生态政治化体现为地方和全国"两会"的有关生态政治活动和决议。全国"两会"是中国政治生活最集中的表现。从 1998 年开始，中共中央连续在全国"两会"期间召开座谈会，广泛征求人大代表、政协委员和社会各界对生态环境问题的意见建议，已经逐步形成了我国最高级别的生态政治协商机制。近年来，全国"两会"

对生态环境问题的关注度不断加强，2012 年涉及节能减排和资源、环境保护的提案高达 578 件，加强生态文明建设和走绿色发展道路，成为 2012 年"两会"的热点。几乎全国政协每个专案委员会，包括政协提案委员会、人口资源环境委员会、教科文卫体委员会、社会和法制委员会等，在 2011 年的调研中都包含了对生态文明的思考。

再次，生态政治化也体现为中国政府的具体行动。我国于 1973 年召开了第一次全国环境保护会议，首次把环境问题提高到了影响和制约经济社会发展的高度。改革开放初期，中国政府就确定了控制人口增长和保护环境两项基本国策，并把它放在整个国民经济和社会发展的重要战略地位；启动了"三北"防护林工程；确立了全民"植树节"。1984 年，中国政府成立了国务院环境保护委员会，把生态环境保护正式纳入了中央政府的日常工作之中，并且开始在地方各级政府中成立相应的机构。1992 年 8 月，联合国环境与发展大会之后，中国政府提出了中国环境与发展应采取的十大对策，明确指出走可持续发展道路是当代中国以及未来的必然选择。1994 年 3 月我国政府批准发布了《中国 21 世纪议程》，是世界上第一个关于生态环境问题的政府级文献。1996 年实施了《跨世纪绿色工程规划》，在全国范围内开展了大量的污染防治和生态环境建设行动。1998 年特大洪灾后，全面停止了长江、黄河中上游天然林的采伐；印发了《全国生态环境建设规划》，提出了我国生态建设 50 年的总体目标。世纪之交，中国政府实施了西部大开发战略，这是我国有史以来最大的生态建设行动，西部大开发战略提出要统筹考虑经济、社会和生态效益，以西部地区的生态环境建设为切入点，旨在促进西部地区资源、生态、经济、人口和社会协调发展。西部大开发战略的提出以及战略目标、战略步骤的确定，显示了我国在生态政治行动方面已经走向成熟。

（三）生态政治纲领

作为中国社会主义建设事业的领导核心，中国共产党汲取了中华传统文明的精髓和世界生态政治文明的精华，把"全面、协调、可持续发展"的科学发展观作为自己的旗帜和纲领，把"可持续发展"置于核心地位，要求处理好经济建设、人口增长与资源利用、生态环境保护的关系，实现了生态与政治的融合。科学发展观在"五个统筹"中强调"统筹人与自然和谐发展"，体现了生态问题政治解决的实质要求。走人与自然和谐之路，不断改善生态环境面貌，提高自然资源的利用效率，是重新审视人与自然关系的理性选择。科学发展观坚持节约与开发并举，要求必须彻底改变当前粗放的经济增长方式和对资源的掠夺性开采行为，选择有利于节约资源的产业结构和制度设计，在经济增长过程中注重优化结构、提高效益，推动循环经济的发展壮大；要求树立正确的政绩观，建立国民经济生态环境体系，加快绿色 GDP 的试点和普及，将隐含着的环境成本通过盈亏平衡表现出来，对市场和社会形成压力，从而抑制经济的恶性增长。科学发展观为推动整个社会走上生产发展、生活富裕、生态良好的文明发展道路明确了目标、指明了方向，是发展中国生态政治的纲领性文献。

第三节　生态文化建设

一、什么是生态文化

生态文化就是从人统治自然的文化过渡到人与自然和谐相处的文化。这是人的价值观念的根本转变，这种转变解决了人类中心主义价值取向过渡到人与自然和谐发展的价值取向。生态文化重要的特点在于用生态学的基本观点去观察现实事物，解释现实社会，处理现实问题，运用科学的态度去认识生态学的研究途径和基本观点，建立科学的生态思维理论。通过认识和实践，形成经济学和生态学相结合的生态化理论。生态化理论的形成，使人们在现实生活中逐步增加生态保护的色彩。

生态文化是新的文化，要适应新的世界潮流，做到广泛宣传，提高人们对生态文化的认识和关注，通过传统文化和生态文化的对比，提高人们对生态文化的兴趣，有利于资源的开发，保护生态环境良性循环，促进经济发展，造福于子孙。

生态文化是人类从古到今认识和探索自然界的高级形式体现，人类在从出生到死亡这个过程中，要与自然界的万事发生和处理好关系，处理好这种关系我们才能长期和谐地生存和发展。生态文化就是在这个环境中初步发展与完善，最终从大自然整体出发，做到将经济文化和伦理相结合。

二、生态文化的特征

保持自然的生态平衡，要尊重和保护自然，不能急功近利，"吃祖宗饭，断子孙路"，不能以牺牲自然生态为代价取得经济的暂时发展。但是，生态伦理也不是主张人在自然面前无能为力，消极无为，不是叫人们"存天理，灭人欲"，少吃少喝少消费，而是让人们在认识和掌握自然规律的基础上，在爱护自然环境和保持生态平衡的前提下，能动地改造自然，使自然更好地为人类服务。

生态文化具有如下几个方面的特征：

（一）系统观

人类赖以生存的环境是由自然、社会、经济等多因素组成的复合系统，它们之间既相互联系，又相互制约。一个可持续发展的社会，有赖于资源持续供给的能力，有赖于其生产、生活和生态功能的协调，有赖于有效的社会调控、部门间的协调行为，以及民众的监督与参与，任何一方面功能的削弱或增强都会影响其他部分甚至生态省建设与可持续发展的进程。环境与发展矛盾的实质，是由于人类活动和这一复杂系统各个成分之间关系的失调。

（二）发展观

把发展视为单纯的经济增长，以国民生产总值作为衡量文明的唯一标准，带来的"有增长而无发展"的严重社会与生态环境问题已被全社会所关注。生态省建设中要树立可持续的发展观，它是以实现人的发展和社会全面进步作为发展方针和发展目的，通过建立生态伦理与道德观、发展生态经济、改善人居环境、保育生态系统服务功能来促进社会文明的进步。其发展模式是倡导人与自然之间和谐相处,互利共生;倡导人与人之间的代内平等和代际平等;倡导整个社会发展系统持续和协调发展。

(三)资源观

以高消耗刺激增长的发展需要大量资源支持,这也是导致当今生态环境危机的直接原因。生态文化认为地球资源是有限的,无论地球的自然价值量多么丰富,它总是以一定的自然物为载体,作为自然的属性和功能而存在,在物质循环和能量流动中形成;同时,自然价值的生成能力是有限的,资源并不是采之不尽,用之不竭的,尤其是石油、煤炭等不可再生资源,用尽就枯竭了,而人类利用自然资源维持自身生存、繁衍、发展的需要则是无限的。为了实现可持续发展,则需要人类树立正确资源观,其核心是建立一种低耗资源的节约型意识,以促进资源的节约,杜绝资源的浪费,降低资源的消耗,提高资源的利用率和单位资源的人口承载力,增强资源对国民经济发展的保证程度,以缓和资源的供需矛盾。

(四)消费观

生态文化建设要求人们对传统消费观念、消费方式来一次新的革命。生态文化要求人们的消费心理由追求物质享受向崇尚自然、追求健康理性状态转变,即倡导符合生态要求,有利于环境保护,有利于消费者健康,有利于资源可持续利用,有利于经济可持续发展的消费方式。其基本思想是消费者从关心和维护生命安全、身体健康、生态环境、人类社会的永续发展出发,以强烈的环境意识对市场形成环保压力,从此引导企业生产和制造符合环境标准的产品,促进环境保护,以实现人类和环境和谐演进的目标。

（五）效益观

生态文化将生态省的发展与生态环境保护统一起来，为可持续发展提供了思想文化基础，从而，从理论上结束了把发展经济和保护资源相对立起来的错误观点，明确了发展经济和提高生活质量是人类追求的目标，并需要自然资源和良好的生态环境为依托。忽视对资源的保护，经济发展就会受到限制；没有经济的发展和人民生活质量的改善，特别是最基本的生活需要的满足，也就无从谈及资源和环境的保护。一个可持续发展的社会不可能建立在贫困、饥饿和生产停滞的基础上，因此，一个资源管理系统所追求的，应该包括生态效益、经济效益和社会效益的综合，并把系统的整体效益放在首位。

（六）平等观

生态文化主张人是自然的成员，人与人之间、区域与区域之间关系应互相尊重，相互平等。一个社会或一个团体的发展不仅不应以牺牲另一个社团利益为代价，也不能以牺牲生态环境为代价。这种平等关系不仅表现在当代人与人、国家与国家、社团与社团间的关系，同时也表现在人与自然的关系上。

（七）体制观

生态省建设要求打破传统条块分割、信息闭塞和决策失误的管理体制，建立一个能综合调控社会生产、生活和生态功能，信息反馈灵敏，决策水平高的管理体制，这是实现社会高效、和谐发展的关键。

（八）法制观

生态文化建设要求把可持续发展的指导思想体现在政策、立法之中,通过宣传、教育和培训,加强可持续发展的意识,建立与可持续发展相适应的政策、法规和道德规范。

(九)公众参与观

生态文化要求建立新的社会价值观与新的生态道德体系,并要求依靠广大群众和群众组织来完成。要充分了解群众的要求,动员广大群众,参与到生态省建设的全过程中来。

三、生态文化的教养

人类创建新的生态文明之需要,源于工业文明造成的日益加深的全球性生态危机。生态科学和环境科学知识的普及,人类活动诱发的各种自然灾害和生态灾难的教训,使人们越来越清醒地认识到:人类如果不彻底改变征服自然的态度,不改变以牺牲生态环境来开发自然的生产方式,不改变奢侈浪费的生活方式,不改变损害生态环境的社会制度和不公正的国际关系体制,则不可能长期有效地阻止地球生物圈的加速退化,人类最终也会由于不适应生态环境而在地球上消失。为了整体地解决以上问题,不少学者提出创建一种全新的生态文明来取代工业文明,而不是继续以生态现代化来维持工业文明,或者以可持续发展的狭窄思路来改善环境并促进全球经济,这确实是一种睿智的看法。因为,只有当绝大多数社会都建立起了生态文明的社会,地球生物圈的健康和安全才能得到真正恢复,人类的生存也才能够得以长期持续。

然而,生态文明的创建并非工业文明顺势前行的自发过程,在很大程度上毋宁说是一个需要人类自觉逆转的艰难过程。尽管工业文明只有几百年的短暂历史，但它却形成了人类难以消除的许多反自然的恶习。工业文明是以人类中心主义的价值观为主导，以机械世界观来认识和征服自然界，以牺牲非人类生命的利益和生存环境来实现自己的发展，以能量和物质消费的最大化为社会进步的基本尺度，必然导致人类毁灭自然界的疯狂战争，世界各国和各民族之间剧烈的经济竞争、资源竞争、军备竞争，以及每一个社会中各阶级为争夺物质财富，个人之间为攀比奢侈的物质生活而陷入永无宁日的争斗。在这种失去理智的毁灭生物圈及人类家园的疯狂中，在世界各国经济竞争与军备竞赛的冷酷与凶残中，在芸芸众生花天酒地、醉生梦死的物质享受中，人类各种族的初民们在万象缤纷的荒野中创造文化，求得生存的灵性完全遗失了；耕种植物和驯养动物的农业文明祖先们敬畏自然、关怀生命，与自然和谐生存的智慧被彻底扫除了。也许可以如是说，工业文明留给生态文明最有价值的东西，只是地球生物圈衰退的恐怖图景引起人们的沉痛反思和对生存出路的探讨。这种反思和探讨有助于激励人们努力探寻建立生态文明起码的生态文化前提。

生态文化相对于生态文明的概念而言，是一个内容更为复杂和广泛的概念。如果说，生态文明是由生态化的生产方式所决定的全新的文明类型，它所强调的是所有生态社会中人与自然相互作用所具有的共同特征和达到的起码标准的话，那么，生态文化则是不同民族在特殊的生态环境中多样化的生存方式，它更强调由具体生态环境形成的民族文化的个性特征。由于生态是人类和非人类生命生存的环境，文化是不同人类生存的方式，所以，一旦地球上有了人类，就不可避免地存在生态文化。即使人类还处于文明之前的采集、渔猎时代，就已经存在着不同人类种族的生态文化。在农业文明时代，在不同生态环境中的种族和民族当然就存在着更为丰富多彩的生态文化，其中，中华民族的生态文化传统就是农业文明时代的最高典范。生态文化是自人类诞生以来，不同种族、民族、族群为了适应和利用地球上多样性的生态环境之生存模式的总和。人类适应和维护不同的生态环境而在生存和发展中所积累下来的一切，都属于生态文化的范畴。

因此，在工业文明的生态废墟上创建生态文明，非常需要吸收人类自诞生以来世界各个种族、各个民族、各个国家长期积累起来的生态文化，以消除工业文明所带来的反自然的种种恶习，形成有利于生态文明产生的一种良好的文化氛围。

生态文明作为未来社会的文明类型，尽管它的兴起可能只在少数国家和民族，但它的实现需要世界上绝大多数国家和民族都建成生态社会才算完成。任何社会的生态文明建设并不只是少数社会精英的事情，而是关系到每一个社会成员，无论是领导干部、科技专家、文体明星，还是一般民众，他们的生活方式、生存态度都深刻影响到已经严重退化的区域生态环境和全球生态环境的命运，人们必须具有基本的生态文化素质才能积极地推动生态文明建设的发展。因此，笔者认为有必要在此提出"生态文化教养"的概念以表述生态文明建设所必需的全民的生态文化素质。所谓生态文化教养，就是社会通过各种教育方式和有利的环境熏陶和浸染，使所有社会成员具备建设生态文明的深厚的生态文化素质。如果缺乏起码的生态文化教养，无论我们在社会的制度设计、政策法规等方面做得有多么好，我们仍然不能够将生态文明建设的实践切实有效地推向前进。

在现实生活中，有不少经济政策的制定者、经济学家、生产企业的领导者，由于缺乏生态环境素质，常常会以工业文明的思维方式和价值标准来决定经济项目的立项、决策和实施，而不会在生态保护理念的约束下去寻求有利于环境的开发项目。一些贫困的生态重要地区和生态脆弱地区的领导常常会为不能引进具有污染严重的夕阳产业项目而深感苦恼，甚至十分佩服那些能够把经济增长率提高而把生态环境弄得不堪入目的同僚。许多生产行业为了商品的销售，不惜耗费宝贵的资源进行过度包装，根本不考虑这种行为对环境的危害；一些生产企业甚至在环境法规严格约束的情况下，为了生产不得不安装环保设备但又在夜深人静之际偷偷排放废水和废气，根本不顾及此行为对周围环境的污染和对人与生物的毒害。对于许多高收入的富人来说，贪吃珍稀飞禽走兽以满足口福的习惯长久不衰，由此也助长了地下野味餐馆对珍稀动物的长期屠宰。即使对于一般民众而言，为了生活方便人们也很难毅然决然地舍弃一次性物品的使用，就连停止使用塑料袋也成了比戒烟、戒酒更难的事情。从以上随便列举出来的现实生活中人们的行为习惯来看，我们这个社会中有不少人的确缺乏基本的生态文化素质，如果我们不能改变这些状况，设法使每一个社会成员形成深厚的生态文化教养，就很难将生态文明建设变成每一个社会成员主动参与、积极创造的自觉行为。

四、我国传统生态文化观的教化价值

中国传统生态文化观在悠久的农业文明中延续了数千年之久，尽管它存在不少的时代局限性，但是它留下的关于人与自然和谐相处的丰富经验和深刻智慧为人类建设生态文明提供了宝贵的资源，对于培育人们生态文化教养也有一定的价值。

首先，生存论的整体思维模式有助于人们形成健全的生态思维。

思维方式是一个民族审视、思考、认识和理解他们生存于其中的世界的习惯方法、定式和特定的倾向，是影响一个民族发展的精神文化的底层结构。与西方工业文明时代导致主客体二分论普遍流行的构成论、外因论和机械论的思维方式相比，能够形成"天人合一"思想的中华民族的传统思维是生存论、内因论和有机论的整体思维模式。这种整体思维模式在道家表现为"道生万物"的形态，在儒家则表现为"太极化生万物"的形态，其共同特征是把整个宇宙万物看成是由同一根源化生出来的。由于万物并非同出于一个像上帝那样的外在本源，而是产生于宇宙生成过程中共同的自然根源，它们具有从共同的本源而获得内在的进化动力和统合一体的力量，具有相互间的亲缘关系，这就好比同一个家族的成员出自一个共同的祖先一样。根据这种思维方式，它能够促进人们从过程取向上理解宇宙由无机物演化出有机物，由有机物演化出生命，由生命演化出人类的进化过程，从而把握万物与人类同源同根之统一性，肯定人类具有动物性和生物性，也具有地球特性和宇宙特性。

同时，这种思维方式也能够促进人们理解人类与非人类生命在生命之网上的复杂关系。因为，万物出于共同本源和自发原因而相互感应和协调，自然形成一个动态平衡的和谐整体，而不是一种机械的秩序。人类作为生命，与万物是相互依存的，人不能离开天地万物而独立生存。人类不仅与所有非人类生命物种是一体关联的，而且所有生命与其存在的无机环境也是一体关联的，这种联系是一种动态的网络联系，不同的事物都是这个网络上的纽结，是各种生命之线织成了这个生命之网，人类只是其中的一根线。不仅花草树木、鸟兽虫鱼是生命之网的一部分，就是海洋、河流、土壤、空气这些生命存在的环境，也是组成生命之网的一部分。中国生态文化传统以人们直接的生存经验为基础，通过对流变的自然节律和生物共同体的有机秩序的悟性体验，具体真切地把握了人类生存与自然界的有机联系，深刻地洞悉到了人类只有维持与自然界长期的和谐共生关系，才有可能获得持久健康的生存。这种生态智慧对于现代人来说依然是弥足珍贵的生存法宝。

其次，尊重生命价值的生态道德观有利于完善当代生态伦理。

在中国的生态文化传统中，自然整体的演化不仅被人们看成是一个永恒的生命创造过程，也是一个生命价值的创造过程。所有生命出自一源，生于同根，就像是同一个大家庭的不同成员，所以人们应该尊重所有生命，爱护天地万物，道德地对待所有非人类生命及其生存环境。这种生态道德观不仅是一种对认知理性的把握，同时也需要一种关爱生命的情感体验。孔子把人的道德态度当成人的内心感情的自然流露，甚至认为动物也存在与人相似的道德情感，并且可以引发人类的良知。他说："丘闻之也，刳胎杀夭则麒麟不至郊，竭泽涸渔则蛟龙不合阴阳，覆巢毁卵则凤凰不翔。何则？君子讳伤其类也。夫鸟兽之于不义尚知辟之，而况乎丘哉！"（《史记·孔子世家》）荀子也认为："凡生天地之间者，有血气之属必有知，有知之属莫不爱其类。今夫大鸟兽则失亡其群匹，越月逾时，则必反沿，过故乡，则必徘徊焉，鸣号焉，蹢躅焉，然后能去之也。小者至于燕雀，犹有啁噍之顷焉，然后乃能去之。"（《荀子·礼论》）儒家这种以鸟兽昆虫具有与人类一样的同情同类的道德心理，给中国古代珍爱动物、保护动物的行为以深远的影响。"劝君莫打枝头鸟，子在巢中待母归"，就是对人们保护动物的一种感人至深的呼唤。它把人性对同类的怜悯与关怀之情投射到动物身上，强调了在生命世界里人与动物在生命关系和情感关系中的一体感通性。虽然这种"因物而感，感而遂通"的体验在人类的移情作用和对生物情感心理的把握上有夸大之处，但对有血气的、有感知能力的动物的相互同情的体察，并把它与人类的人性关怀联系起来，从而使人类产生一种尊重和保护生物生存的强烈的情感动力，为生态伦理学提供了科学所不能给予的"情理"支持，这是当代人在生态伦理学中非常缺乏的发自内心深处的对生命的天生的爱与同情，是一种亟待恢复和培育的"情感理性"。人类对生物的爱与关怀和人类的生态良心，并不完全是出于对人与自然关系的科学认识，而更重要的是出于情感归属的需要，科学认识所理解的自然是非常不完整的，人类必须从情感上体验自然、领会自然、热爱自然，才能发自内心地尊重和关爱生命，才能真诚地产生"万物一体""民胞物与"的生态关怀，才能对养育人类生命的自然界产生报恩情怀，真正建立起守护地球上所有生命之家园的生态伦理学，而不只是止于保护人类生存环境的生态伦理学的狭隘境界。

再次，"天人合一"的生存境界对于人们形成生态生存论的态度，改变物质主义的恶习，促进人们追求健康、文明的精神生活具有强大的推动作用。

"天人合一"是中国生态文化传统中一个根本性的主题，也是中国主流文化的儒家和道家所主张的一种协调人与自然关系的指导思想，同时还是农业文明时代人们所向往的一种至高的生存境界。它是一种有目的地维护人类生存的全球生态环境的价值理想，即使是科学的生态学也缺乏这种文化价值的合理性。正如"环境伦理学之父"罗尔斯顿所说："尽管传统文化没有作为科学的生态学，但他们常常具有词源学意义上的生态学：栖息地的逻辑。他们具有全球的观点，依据这种观点，他们有目的地居住在一个有目的的世界上。我们很难说，科学至今已经给我们提供了一种全球观点，在这种观点中，我们发现我们真正生活在自己的栖息地。"栖息地的逻辑，就是一种朴素的直观经验的人类生态学，它能够在人类物质的感性生存活动中体验到所有生命的相互作用和相互依存，自觉地遵守人们长期形成的保护自然生态环境的习惯，合理地利用和节约自然资源。它要求人们，除了满足基本的物质生活需求外，应该节制奢侈生活的物质消费欲望，过一种少私寡欲、知足常乐的简朴生活，而把更多的时间和精力投入到丰富的社会生活与崇高的精神生活中去。通过批判地继承"天人合一"的价值理念，能够改变当代人把自己当成"经济人"、当成消费动物的理念，改变人们只是在物质消费的攀比中来实现自己人生价值的病态生活态度，而把人类的物质生活看成是地球生态过程的一个组成部分，把维持自己较低消费的物质生活看成是恢复地球生态环境的一种生态义务。同时，"天人合一"的人生境界也能使人深刻地认识到，把人的毕生精力和时间用于猎获奢侈消费品和寻求感官刺激，是人生的最大迷失，是人生意义的彻底丧失。有意义的生活能够通过追求精神价值来充实和完善。无论是对科学的探究、艺术的创造、道德的完善，还是对人的天赋和潜能的开发，都能为自己揭开一个博大、美妙、崇高、深邃、神奇的精神世界。并且，对"天人合一"境界的追求，不仅能调节人的物质生活与精神生活的平衡，防止人单方面地沉湎于物质享乐，而且能激励人们独立自主地选择生活、创造生活，去经历和体验对人类同胞的爱和对所有生命的关怀，去体悟人与自然融为一体的愉悦感受。因此，了解中国生态文化中的"天人合一"的思想和境界，能够深化每一个社会成员对人生价值的认识，丰富自己对生命意义的体验，并促进人们在全球生态危机日益加剧的今天形成必需的生态生存论的态度，重建一种健康、文明、环保的生活方式，为建设生态文明所需要的智慧、道德和精神氛围提供不竭的历史源泉。

最后，协调人与自然关系的农业生态实践经验，能够促进人们形成自觉维护生态环境的良好行为习惯。

中国的生态文化传统是在近万年的农业文明的生态实践中逐渐发展和成熟的。早在三皇五帝的上古时期，我们的祖先就已经具有了保护环境、规范人们生产、生活行为的传统。据传，黄帝教导人民，要大家"时播百谷草木，淳化鸟兽虫蛾，旁罗日月星辰，水波土石金玉，劳勤心力耳目，节用水火材物"（《史记·五帝本记》）。《逸周书》载有夏代的禁令："禹之禁，春三月，山林不登斧，以成草木之长；入夏三月，川泽不网罟，以成鱼鳖之长。"周代更有严峻的生态保护规定"崇法令"："毋填井，毋伐树，毋动六畜。有不如令者，死不赦。"周代还建立了世界上最早的环境保护和管理机构，设置了"山虞"（掌管山林）、"泽虞"（掌管湖沼）、"林衡"（掌管森林）、"川衡"（掌管川泽）等机构，较好地保护了当时的动植物资源。荀子在全面地继承前人经验的基础上，提出了一个名为"圣王之制"的持久利用资源和环境保护的规划："圣王之制也：草木荣华滋硕之时，则斧斤不入山林，不夭其生，不绝其长也；鼋鼍、鱼鳖、鳅鳝孕别之时，罔罟毒药不入泽，不夭其生，不绝其长也。……污池渊沼川泽，谨其时禁，故鱼鳖优多而百姓有余用也。斩伐养长不失其时，故山林不童而百姓有余材也。"（《荀子·王制》）荀子的圣王之制，已经把保护生态环境、永续利用生物资源和实施可持续发展贯彻到了对君王威德的政治制度的实践要求中，以后历朝历代都对生态环境保护的制度和法规有所增益。尽管由于人口增加的巨大生存压力在一定时期内导致了局部生态环境破坏的加剧，但这种长期的协调人与自然关系的生态实践，还是在很大程度上缓解了生态危机的全局性爆发，保障了中国农业文明长期延续的生态前提。今天我们学习中国农业文明生态实践中的历史经验，使大家在这种悠久的传统影响下养成一种自觉保护生态环境的良好行为习惯和自觉遵守生态法规的素养，可以提高广大人民群众建设生态文明的能力，将保护生态环境的伟大实践传统在新形势下发扬光大。尤其是对于各级领导干部，这些生态实践的宝贵经验可以作为重要借鉴，提高他们在决策中的生态保护和环境治理能力，启发和激励他们在领导人民群众建设生态文明的过程中做出更为实际、更有效率的业绩。

五、提高全民生态文化发展的努力方向

历史是人类发展的镜子。研究生态文化，就要对人类的整个文明史，对人类社会进行生态学透视，对已有的文化多样性进行辨析，从教训中总结人类与环境协同发展的经验，从而使人类社会在保护生物圈的物种多样性、保护地球家园的同时得以持续发展。

中国有的学者提出建立人类新文明——与大自然和谐相处的绿色文明的观点，并把农业文明称之为"黄色文明"，而把18世纪以来工业革命以及随之而来的环境危机称之为"黑色文明"。因为，农业文明和工业文明意味着人类在一定程度上以牺牲环境为代价去换取经济和社会发展，这种发展付出的代价是惨重的。在自然界中，人类无论怎样推进自己的文明，都无法摆脱文明对自然的依赖和自然对文明的约束。自然环境的衰落，最终也将是人类文明的衰落。当今，可持续发展成为世界的最强音，一个环境保护的绿色浪潮正在席卷全球，这一浪潮冲击着人类的生产方式、生活方式和思维方式，预示着人类史上的一场"生态文化革命"即将来临。这场革命是历史发展的必然产物，通过它，人类将重新审视自己的行为，摒弃以牺牲环境为代价的"黄色文明"和"黑色文明"，摒弃以经济的单纯增长为核心的"黑色GDP"概念，积极推进生态有价的"绿色GDP"和循环经济，建立一个与大自然和谐共处的绿色文明。

创建生态文明，是一个关系到人与自然的事业，是一个关系到人类文明能够继续下去的事业，这一事业能否取得最终的成功，根本上取决于作为生态文明创建者的主体条件，取决于每一个社会成员建设生态文明的素质和能力，取决于几代人长期不懈的持续努力。为了承担这个艰巨的历史重任，我们必须认真探究如何尽可能有效地提高全民的生态文化教养。

提高全民的生态文化教养，应该以建设生态文明所需要的生态文化为努力方向。它以生态文明建设的目标与中国的国情相结合，尤其要以与中国生态文化传统相结合为基础，同时吸收当代自然科学和人文社会科学知识来发展当代的生态文化。尽管生态文明是未来所有国家和民族共同追求的新的文明形态，但是它并不是按照某种标准的模式精确复制的作品，它只能通过不同国家和民族以自己的独特方式来实现。欧美等西方发达资本主义国家，虽然最先出现生态环境危机，而且由于其工业文明的过度发展引起了全球的生态危机，但是它们并未提出以生态文明的方式从根本上解决生态危机问题，而是基于崇尚科技理性的文化传统，试图以生态现代化来改善工业文明的生产模式，以解决自己国家的生态环境问题。尽管生态现代化在欧美国家的环境恢复中起到了一定的作用，但是，这主要依赖于其获取发展中国家大量的资源，同时把本国不能生产的污染工业转移到发展中国家，并且把大量有毒废物输出到发展中国家，从而以发展中国家和整个世界的环境退化为代价来实现的。

中国的国情是人口过多，资源短缺，生态环境的压力大，工业文明的发展程度不高，这基本涵盖了大多数发展中国家经济发展的主要困难，这表明发展中国家没有条件照搬西方解决生态问题的模式。同时，中国又是一个具有悠久生态文化传统的发展中大国，这个传统使我们的生态文明建设有一个牢固的根基，通过扬弃工业文明的世界观、价值观，吸收其合理因素，积极利用现代科学知识成果，在此基础上建立与生态文明所需要的生态文化，并以此作为提高全民生态文化教养的依据，促进具有中国特色的生态文明模式的形成，这对大多数发展中国家建设生态文明也将产生积极的影响，从而也将为全球生态环境的恢复带来成功的希望。反之，如果我们抛弃自己深厚的生态文化传统，希冀模仿西方理性文化传统产生的根基虚弱的后现代的生态文化，并以此作为教化和培育人们生态文化素养的努力方向，必然会事与愿违，最终必将因丧失文化基因和社会土壤而导致失败。

提高全民的生态文化教养，应该彻底贯彻到整个生态文化教育的过程中。这种教育的目的是培养具有深厚生态文化教养的人，这就需要确立生态文化教养的价值理想作为这种教育的根本宗旨。国内外学术界现在频繁提及生态教育和环境教育，这种提法本身只是强调了人们对自己生存处于严重生态危机的地球本应该具备的最起码的生态知识和环境知识的缺乏，似乎人们只要具备这些知识，就会对生态环境加以自觉维护。这就容易导致人们对不同生存环境中人类生态文化特性的忽视，这是因为知识本身只是服务于人类福祉的手段，尤其是关于生态科学的知识，更与人类生存的环境利益和价值取向不可分割。实际上，西方国家的生态科学比较发达，但是它并未将其认真、彻底地应用于全球生态环境的恢复，有的学者甚至为了本国的经济利益不惜歪曲真理，多年来一直在论证全球变冷而置全球变暖的明显事实于不顾。反之，世界上有许多原住民族，尽管没有丰富的生态科学知识，但是他们具有长期的生态文化传统，有一种生态论的态度，能够将自己的生存利益和生态环境的保护在生存实践中切实地结合起来，反而长期有效地维护了他们生存区域的生态环境。因此，在生态文化教育中，不能只是要求人们掌握现代生态科学和环境科学的知识，而更应该强调不同生态区域中人类适应复杂生态环境的民族文化，即要突出不同国家和民族的生态文化特质，否则，这种教育就只能是单纯的生态知识的教育，而非生态文化的教育。当然，这也并非是说生态文化的教育与生态知识的教育是两种分离的教育，而是说生态文化教育应该把现代生态科学知识的教育融合进本民族的生态文化传统，使这个生态文化传统得到现代化，使之更有助于解决不同民族的特殊生态问题。从不同社会生态文明建设所需要的文化前提看，只有当世界各国和各民族都形成了自己的生态文化，才会出现多彩多姿、百花争艳、相互补充的全球生态文化，才能够提高各国、各民族的生态文化教养，建立起各具特色的生态文明的社会。所以，我们应该以培育具有建设生态文明能力和生态文化教养的人的教育理念，来建立和完善独具特色的生态文化教育体系，以此来开展长期的、全面的生态文化教育，以保障全民的生态文化素质达到生态文明建设的需要。

提高全民生态文化教养的教育是一种终身的和持续的教育，鉴于地球生态环境的恢复至少需要人类几个世纪的共同努力，故不应该有毕其功于一役的想法，把这种教育当成一个短期的任务，而必须树立清醒的意识，即这是每一个人从孩童起直至老年都需要接受的终身教育。提高全民生态文化教养的教育是一种全民参与的教育，故不能指望单纯依靠教育部门来完成，只有公众的积极参与和社会各行各业的支持才能长期坚持下去，并不断取得进步。提高全民生态文化教养的教育是一种综合的教育，因为这种知识本身就是众多自然科学和人文社会科学知识的综合性的整体，应该开创新的教育方法来进行，不能采取传统的分割学科的方法来加以实施。提高全民生态文化教养的教育也是理论和实践相统一并最终服务于建设生态文明的教育。这种教育所获得的知识、道德、智慧和所有能力都应该应用于每一个人的生存方式中，通过每一个人自觉积极地发挥其在日常生活中的最大作用，促进生态文明的中国社会模式逐渐发展成熟。

第四节　生态环境建设

生态环境建设，是我国提出的旨在保护和建设好生态环境，实现可持续发展的战略决策。主要通过开展植树种草，治理水土流失、防治荒漠化、建设生态农业等方式，建设祖国秀美山川。

一、什么是生态环境

生态环境是指影响人类生存与发展的水资源、土地资源、生物资源以及气候资源数量与质量的总称，是关系到社会和经济持续发展的复合生态系统。生态环境问题是指人类为其自身生存和发展，在利用和改造自然的过程中，对自然环境破坏和污染所产生的危害人类生存的各种负反馈效应。

当代环境概念泛指地理环境，是围绕人类的自然现象总体，可分为自然环境、经济环境和社会文化环境。当代环境科学是研究环境及其与人类的相互关系的综合性科学。生态与环境虽然是两个相对独立的概念，但两者又紧密联系且相互交织，因而出现了"生态环境"这个新概念。它是指生物及其生存繁衍的各种自然因素、条件的总和，是一个大系统，是由生态系统和环境系统中的各个"元素"共同组成的。生态环境与自然环境在含义上十分相近，有时人们将其混用，但严格说来，生态环境并不等同于自然环境。自然环境的外延比较广，各种天然因素的总体都可以说是自然环境，但只有具有一定生态关系构成的系统整体才能称为生态环境，仅有非生物因素组成的整体，虽然可以称为自然环境，但并不能叫作生态环境。

二、我国生态环境的现状

（一）水土流失造成土地质量下降

全国水土流失严重，是土地质量下降的重要方面。由于利用和管理上的原因，水土流失面积不断扩大。到 2011 年全国的水土流失面积已达到 356 万平方公里。水土流失使耕层土壤变薄，土壤有机质和养分大量损失，造成土地质量下降。

（二）耕地面积不断减少

人多地少是我国的基本国情，当前我国人均耕地仅约为 1.39 亩，只有世界人均水平的 37%。在世界上 26 个人口超过 5000 万的国家中，我国人均耕地占倒数第三位，仅略高于孟加拉国和日本。严重的是稀缺耕地资源被占用和浪费的现象十分惊人。实施《土地管理法》以来，情况虽有所好转，耕地减少速度趋缓，但仍呈每年递减趋势。在过去的 12 年中，我国耕地面积减少了 1.25 亿亩。

（三）土地沙漠化加剧

至 2009 年底，我国荒漠化土地面积为 262.37 万平方公里，沙化土地面积为 173.11 万平方公里。与 2004 年相比，五年间荒漠化土地面积净减少 12454 平方公里，年均减少 2491 平方公里；沙化土地面积净减少 8587 平方公里，年均减少 1717 平方公里。土地沙漠化是在干旱和半干旱地区脆弱的生态平衡条件下由于人为的过度开发活动，使生态平衡遭受破坏而引起的土地质量退化现象。

（四）森林资源缺乏且正在减少

我国为世界上森林资源最少的国家之一，在 160 个国家或地区中，我国的森林覆盖率只有世界平均水平 30.3% 的 2/3，人均占有森林面积不到世界人均占有量 0.62 公顷的 1/4，人均占有森林蓄积量仅相当于世界人均占有蓄积量 68.54 立方米的 1/7，但却存在惊人的过量采伐。由于采伐地区过于集中，可采资源日益枯竭，加上毁林开垦、烧柴、火灾和病虫害等原因，森林总面积正在逐渐减少，相应的生态灾难和水土流失也日益严重。

（五）草原退化严重

草原质量下降，草原退化面积不断扩大。我国人均草地资源只有世界人均水平的 30%，全国严重退化的草场约占 1/3，鼠虫害面积约占 30%～50%，且优质草减少，毒害草增多。

（六）湖泊泥沙淤积，调蓄抗灾能力减弱

湖泊泥沙淤积，过度围垦，造成湖区生态系统功能失调。使湖泊的调蓄抗灾能力减弱。例如，建国以来，洞庭湖湖区经历了两次大的围湖造田。在 1998 年洪灾中，湖区溃决堤垸 142 个，灾民近 40 万，直接经济损失近 200 亿元。

（七）生物栖息地消失，大量物种濒临灭绝

我国湿地面积不断减少，有 15%～20% 的动植物种类受到威胁，生物多样性不断减少。例如，新疆虎、野马、毛脉蕨等野生动植物已经灭绝或在我国绝迹。大熊猫、金丝猴、野骆驼、银杉、珙桐、人参等野生动植物的分布区域明显缩小，种群数量骤减，处于濒临灭绝的状态。又如，新疆塔里木盆地的天然胡杨林、北疆的梭梭林等都大量减少；一些名贵的中药材如甘草、麻黄、锁阳、雪莲、贝母等的数量也在大量减少。

（八）地质自然灾害发生的强度和频率日益加大

由于森林过度采伐、草原过度放牧，加上不合理的开采矿藏，而引发的雨后泥石流、地质下陷等地质灾害频频发生。从 2008 年的 512 汶川地震，到 2010 年的玉树地震，带来的不仅是沉痛的教训，更应转化为深刻的反思和身体力行的环保行动。

（九）淡水资源严重短缺

我国水资源量约为 2.83 万亿立方米，居世界第四位，但人均径流量为 2600 立方米，仅为世界人均水平的 1/4，居世界第 88 位。中国是世界上的贫水国家，全国 570 个城市中，缺水城市达 300 个，严重缺水的达 50 个，日缺水量达 1600 万立方米。由于大量开采地下水，使地下水位正在不断下降。同时节水措施不力，用水浪费，加剧了中国水资源的短缺。

（十）污染严重

我国大气、水污染严重。2012 年，一个"时髦"的检测空气质量的新项目走入人们视野——PM2.5。监测结果表明，PM2.5 指数在全国各大城市持续走高，这显示城市空气污染愈发严重。

三、生态环境建设的基本内容

保护和建设好生态环境，实现可持续发展，是我国现代化建设中必须始终坚持的一项基本方针。发挥社会主义制度的优越性，发扬艰苦创业精神，大力开展植树种草，治理水土流失，防治荒漠化，建设生态农业，这是把我国现代化建设事业全面推向 21 世纪的重大战略部署。

我国生态环境建设遵循的基本原则是坚持统筹规划，突出重点，量力而行，分步实施，优先抓好对全国有广泛影响的重点区域和重点工程，力争在短时期内有所突破；坚持按客观规律办事，从实际出发，因地制宜，讲求实效，采取生物措施、工程措施与农艺措施相结合，各种治理措施科学配置，发挥综合治理效益；坚持依法保护和治理生态环境，依靠科技进步加快建设进程，建立法律法规保障体系和科技支撑体系，使生态环境的保护和建设法制化，工程的设计、施工和管理科学化；坚持以预防为主，治理与保护、建设与管理并重，除害和兴利并举，实行"边建设，边保护"，使各项生态环境建设工程发挥长期效益；坚持把生态环境建设与产业开发、农民脱贫致富、区域经济发展相结合；坚持依靠亿万群众，广泛动员全社会的力量共同参与，建立多元化的投入机制，多渠道筹集生态环境建设资金。

搞好生态环境建设要抓好三个结合：

1. 小流域综合治理与生态修复相结合

生态修复和小流域综合治理都是水土保持工作的重大举措，在水土流失重点区域，除了实施综合治理外，在地广人稀、降水条件适宜、水土流失轻微的地区，应实施以封育保护为主的生态自我修复工程。通过综合治理与自然修复相结合，加快水土流失防治的步伐，调整农村产业结构，转变农业生产方式，促进生态环境的改善和区域经济的发展。

2. 梯田建设与径流控制相结合

梯田是农业生产的基础工程。在有条件的地方，除发展小型水利工程外，要充分发挥径流调控体系的作用，科学地修建水窖、涝池、蓄水池、古坊、塘坝等水土保持工程。就近拦蓄利用降水产生的径流，为梯田林果等提供生态用水，通过梯田工程与径流利用工程有机结合，实现基本农田的集约化经营。

3. 工程措施与生物措施相结合

依据自然规律，实行山坡沟水路田统一规划，综合治理，优先建设坡面径流聚集工程，鱼鳞坑整地以及沟道拦蓄工程，为林草提供生长环境，达到以工程保生物，以生物护工程，通过工程措施与生物措施相结合，实现退耕还林和生态环境的改善。

四、生态环境建设的总体目标

我国生态环境建设的总体目标是用 50 年左右的时间，动员和组织全国人民，依靠科学技术，加强对现有天然林及野生动植物资源的保护，大力开展植树种草，治理水土流失，防治荒漠化，建设生态农业，改善生产和生活条件，加强综合治理力度，完成一批对改善全国生态环境有重要影响的工程，扭转生态环境恶化的势头。力争到下个世纪中叶，使全国适宜治理的水土流失地区基本得到整治，适宜绿化的土地植树种草，"三化"草地基本得到恢复，建立起比较完善的生态环境预防监测和保护体系，大部分地区生态环境明显改善，基本实现中华大地山川秀美。

"十二五"时期的目标首先是生态经济加快发展。实现国家下达的"十二五"单位生产总值能耗下降指标，高附加值、低消耗、低排放的产业结构加快形成，循环经济形成较大规模，清洁生产普遍实行，生态经济成为新的经济增长点。

其次，生态环境质量保持领先。完成国家下达的"十二五"主要污染物减排任务，大气环境、水环境持续改善，土壤环境得到治理，森林覆盖率、林木蓄积量、平原绿化面积稳步提高，生态安全保障体系基本形成，城乡环境不断优化，宜居水平不断提高。

第三，生态文化日益繁荣。生态文化研究和生态文明教育不断加强，绿色创建活动广泛开展，生态文明理念深入人心，健康文明的生活方式初步形成，推进生态文明建设的精神支撑更加有力。

最后，体制机制不断完善。推进生态文明建设的政策法规体系进一步完善，党政领导班子和领导干部综合考评机制、生态补偿机制、资源要素市场化配置机制等体现生态文明建设要求的制度得到全面有效实施。

【拓展阅读】

红树林湿地

红树是生长在热带亚热带海岸潮间带，受周期性海水浸淹的木本植物。它们是陆地显花植物进入海洋边缘演化而成的。

红树林是我国南方特有的景色。在华南地区的江河出口处或海湾的浅滩上，常可看到或大或小的青葱翠绿的稠密的灌木林。涨潮时，它们被海水浸淹，仿佛绿色的岛屿。退潮时，则可见树枝纵横交错，发达的根系生长在滩涂中，形成一片郁郁葱葱的茂密植物群落。这就是红树林。由于红树科植物体内含有大量单宁，其木材常呈红色，"红树"之名由此而来。红树林是最具特色的湿地生态系统，兼具陆地生态和海洋生态系统的特征，是陆地和海洋之间的生态过渡区。

一、红树林的生态价值

（一）红树林具有防浪护岸的功能

我国沿海台风频繁，对海岸堤防造成了较大的威胁，甚至在良好掩护的港湾内部的土质堤防同样易于被暴风增水及暴风浪冲缺成灾。"八五""九五"期间，国家把红树林造林、经营、恢复与发展技术列入国家科技攻关计划，通过测试分析研究，认识到红树林防浪护岸功能通过衰减波浪、滞缓水流、捕沙促淤及红树林根系对沉积物的固结作用来实现，其消浪效果可达 80% 以上，可达到良好的防浪护堤效果。最近的研究还表明，红树林生长带与潮汐水位之间存在相当严格的对应关系，红树林成为对海平面变化最敏感的生态系统之一。红树林捕沙促淤的生物地貌功能可以在一定程度上抵消海平面上升增加浸淹强度的负面影响，红树林生态系统和反馈全球变化的主要机制之一。

（二）红树林是海岸带生态关键区

生态关键区是对维持生物多样性或资源生产力有特别价值的生物活动高度集中的地区，位于海洋和陆地交汇地带的红树林湿地就是一种海岸生态关键区。我国红树林湿地地区生物多样性丰富，包括潮滩湿地生境专有的 26 种真红树乔、灌木，11 种非专有的半红树乔、灌木和 19 种常见伴生植物，以及 55 种大型藻类、96 种浮游植物、26 种浮游动物、300 种底栖动物、142 种昆虫、180 种鸟类、10 种哺乳动物、7 种爬行动物等，其中包括不少珍稀濒危或国家保护的动植物种类。红树林湿地还具备高生产力、高归还率、高分解率的特性，使红树林生态系统内的能量流动和物质循环能高速运转，大大提高了能量和物质的活性，在维护河口海岸食物链、促进近海水产渔业方面具有重要作用。

（三）红树林能净化海水

红树林生态系统对生活污水具有某种程度的抗性或耐受力，其林下土壤可沉积较多重金属。红树林植物和林下土壤还有吸收各种污染物和净化海洋环境的作用，并能有效防止赤潮。

二、我国对红树林湿地的开发和管理保护

六七十年代，我国片面强调以粮为纲和增加农业用地，曾大规模地开展围海造田，导致大片红树林被毁。例如红树林分布中心区的东寨港，49% 的红树林被围垦毁灭。20 世纪 80 年代之后，随着改革开放和沿海经济迅速发展，海产养殖成为红树林海岸居民致富的重要途径，毁林围塘养殖竞相发展，毁林进行各种临海工程建设也屡有发生。现如今，红树林已面临濒危境地，并对海岸带生态环境带来严重后果。

加强红树林保护与管理的重要举措之一是建立各级自然保护区。自从 1975 年香港米埔红树林湿地被指定为自然保护区，1980 年建省级东寨港红树林自然保护区以来，至今我国已建以红树林湿地为主要保护对象的自然保护区 18 个，其中国家级 5 个（海南 1 个，广西 2 个，广东 2 个），省级 5 个（海南 1 个，香港 1 个，福建 2 个，台湾 1 个），县市级 8 个（台湾 2 个，海南 6 个）。总面积已占现有红树林一半以上，为我国红树林湿地的有效保护提供了重要基础。按照中国海洋功能区划的要求，今后还将增设一批新的红树林自然保护区。广东省还拟在红树林零星分布区增设自然保护小区，使全省红树林湿地资源得到全面有效的保护。

红树林湿地的保护与森林保护、环境保护、生物多样性保护等等类似，只依赖直接经济效益和市场调控是难以成功的，必须有政府的强力干预，保证可持续发展的社会长远利益得到维护。除了建立自然保护区以外，还要吸引科学家积极参与，做好若干关键问题的科学研究和红树林生态环境功能的宣传教育。

第五节　生态社会建设

有关经济发展中生态问题的思考从 20 世纪 60 年代起就开始萌芽,包括早期的循环经济思想,20 世纪 70 年代兴起的生态经济思想,80 年代诞生的产业生态学,以及近年来提出的阳光经济、低碳经济、太阳经济、氢经济等等。这些思想都已经开始从不同的角度关注生态和经济的和谐发展,但对社会的关注比较少。有关生态社会的思想也是在这个过程中开始萌芽的。

一、什么是生态社会

关于生态社会的内涵研究,美国学者默里·布克金和罗伊·莫里森,国内学者姚淑群、李雪玲、白志礼等都作过相关的论述。默里·布克金从社会生态学构建的角度提出了生态社会观;罗伊·莫里森在他 2010 年的论著《走向生态社会》中指出"生态社会是从生态学的角度去理解自然";姚淑群从制度、文化等价值层面指出"生态社会不仅是人与自然之间良性循环的社会,而且是具有社会性并强调人类社会的稳定、公平、和谐与可持续发展的社会";李雪玲指出"生态社会是指在生态系统承载能力范围内运用生态经济学原理和系统工程方法改变生产方式和消费方式";白志礼教授在《生态和谐社会:社会观的创新》一文中从生态哲学的角度指出"生态社会是指人类社会关系和谐化、生态化"。

综合国内外专家学者关于"生态社会"的观点,我们认为,生态社会应该是以系统论为统领,以经济学、生态学、社会学思想的综合为理论依据，旨在改变工业社会的生产、消费方式和文化、制度观念，高效合理地利用一切可再生的资源，"由以碳为主的经济转变为以氢为主的经济"，实现经济效益、生态效益、社会效益三效合一的社会。

二、生态社会的特征

（一）生态社会是人与自然的和谐发展

默里·布克金认为生态社会不仅仅是人类的特性而且是人类与自然特性的结合。姚淑群也认为生态社会首先是人与自然之间良性循环的社会。1972年，以美国生态经济学家丹尼斯·米都斯为代表的罗马俱乐部发表的《增长的极限》，指出"在21世纪，人口和经济需求的极度增长将导致地球资源耗竭、生态破坏和环境污染"。这段话从反面告诉我们，如果人和自然不能协调发展，如果人类以破坏自然求发展为目的，终将受到自然的惩罚。国内学者高哲等在《马克思、恩格斯要论精选》第一章就描述了人、自然和社会的关系。在论述人和自然的关系时说到了三点：首先，人是自然的产物；其次，自然是人类赖以生存的基础；最后，人和自然是统一的。只有人和自然和谐相处，良性循环，人类社会的发展才会有一个永续的空间。

（二）生态社会是人与社会的和谐发展

姚淑群认为，理性的生态环境与生态活动必然从单纯的"人与自然"关系走向"人与社会"。人是社会的元素，人和社会相互作用统一于一体。生态社会更要求人和社会和谐发展。生态社会应当是整体的和谐和全面的和谐，是人和社会的各个方面包括经济、政治、道德、法律等层面的和谐，也是人和人即不同社会利益主体和阶层之间的和谐。胡锦涛同志 2005 年 2 月在省部级主要领导干部提高构建社会主义和谐社会能力专题研讨班上指出："维护和实现社会公平和正义，涉及最广大人民的根本利益，是我们党坚持立党为公、执政为民的必然要求，也是我国社会主义制度的本质要求。只有切实维护和实现社会公平和正义，人们的心情才能舒畅，各方面的社会关系才能协调，人们的积极性、主动性、创造性才能充分发挥出来。"这段讲话充分体现了人与社会和谐的思想。

（三）生态社会是人与文化的和谐发展

默里·布克金还进一步指出："我们必须创造一种新的文化，一种并非仅仅旨在消除我们所面临危机的具体特征而不触及其根源的运动。我们也必须根除我们心里架构的等级制取向，而不仅仅消除体现社会支配关系的制度。"从这段话我们就可以看出文化和人的和谐在构建生态社会中的重要作用，人与生态和谐的文化也是生态社会的重要组成部分。先进文化是人类前进的方向，只有人的素质不断提高，文明水平才会不断上升，也只有生态文明的理念深入人心，才有可能真正步入生态社会，我国才能真正走上生产发展、生活富裕、生态良好的和谐发展道路。这也和我国"建设资源节约型、环境友好型社会"的目标相吻合。

三、从工业社会到生态社会的必然趋势

（一）人类社会发展的必然规律指引我国由工业社会走向生态

社会

马克思主义唯物史观告诉我们：人类社会由低级到高级，各种社会形态的更迭与发展，归根到底都是由生产力决定的。生产力始终是促进人类社会向前发展的最终决定性因素。生产力的发展决定着生产关系以及上层建筑的变化方向和发展趋势，生产力的发展与运行是在一定的生产关系中进行的，生产关系对生产力又具有能动的反作用。工业文明在其发展初期和中期推动和促进了生产力的发展，工业文明创造出的财富超过了之前整个人类历史创造的财富总和。在工业社会中前期，工业文明促进了生产力的发展；同时工业社会培育的高速发展的生产力，反过来又要突破工业社会生产关系对它的束缚。工业社会的高速发展是建立在"高投入、高消耗、高排放"破坏生态环境为代价的基础之上的粗放式发展模式。进入工业社会后期，这种以破坏环境为发展手段的工业发展之路，不再适应生产力的发展，部分能源的耗竭不再支持工业社会的高能耗运转，要想获得长足的发展，人类必须改变现行的生产关系，选择可再生的新能源，选择可持续的生态发展之路。

"社会"这个概念本身就蕴含了生态发展之意。《中国大百科全书》中对"社会"一词作了如下定义："社会，人类生活共同体。"《社会学大辞典》对"社会"概念的解释为"英语 Society（社会）和法语 Societas（社会），意指与自然相对的人的自由契约关系"。可见"社会"一词本身就包含了人与自然和人与人这双重社会关系。而工业社会割裂了人与自然的本质联系，过分强调了人的价值，把征服自然、追求经济效益作为社会发展的终极目标。生态危机正是工业社会本身蕴含的这种反自然的因素而带来的灾难性后果。生态社会正是要纠正工业社会的这种忽略生态环境的粗放式发展模式,选择人与自然、人与社会、人与人和谐发展的生态发展模式。

(二)国际社会生态化发展趋势呼唤我国由工业社会走向生态社会

西方学者从 20 世纪 60 年代起,开始呼吁人们在关注经济高速发展的同时,也要关注日益严重的生态问题。很多关于生态学、经济学和社会学的理论成果纷纷诞生。1962 年,美国海洋生物学家蕾切尔·卡逊发表了著名科普读物《寂静的春天》,揭示了近代工业对自然生态的影响,并试图寻找生态与经济协调发展的新出路。1974 年,美国著名生态经济学家莱斯特·R·布朗出版了一系列《环境警示丛书》,掀起了全球环境运动的高潮。1987 年,世界环境与发展委员会在题为《我们共同的未来》的报告中,第一次阐述了"可持续发展"的概念。1992 年 6 月,在巴西里约热内卢举行的联合国环境与发展大会上通过了《21 世纪议程》、《气候变化框架公约》等一系列文件,明确把发展与环境密切联系在一起,并将之付诸全球的行动。2002 年 9 月,联合国在南非的约翰内斯堡召开世界可持续发展大会,发表了《约翰内斯堡可持续发展宣言》,指出了人类所面临的一系列资源环境问题。西方社会在经历了生态环境恶化、环境污染严重、能源枯竭等一系列社会问题造成的巨大经济损失之后,开始对发展与环境进行深度的反思,世界各国纷纷关注生态与社会的和谐发展。美国、德国、英国等发达国家和中国、巴西这样的发展中国家都先后提出了自己的《21 世纪议程》或行动纲领。

各国都强调要在经济和社会发展的同时注重保护自然环境。目前北欧的很多国家，比如丹麦、瑞典等国家已经开始呈现生态社会的雏形。我国目前处于工业化中期，西方发达国家近百年的工业化过程，分阶段出现的环境问题，在我国近几十年来集中地出现。我们不能再走西方发达国家"先污染，后治理"的老路，而要顺应国际大环境，边发展边治理，由工业社会走向生态社会。

四、从工业社会到生态社会政府发挥作用的必然性

（一）经济社会发展不会自发地过渡到生态社会，可能需要很长时间，甚至付出几代人的代价

由于生态资源属于公共物品的范畴，具有外在性。外在性和公共物品是市场失灵的重要原因。企业是市场的主体，而企业的目标是追求经济效益最大化。在工业文明初期，企业在追求利润最大化的同时，也给社会发展带来了很大的负外部性，而当负外部性存在时，市场的结果就有可能是无效的。所谓负外部性就是一方的行动使另一方付出了代价。比如一些化工企业，在追求利润的同时，排放有害的化学气体超标，给环境造成污染，给人们身体健康造成危害。这些行为如果没有政府的干预，短期来看是获得了暂时的经济效益，但从长远看却损失了社会效益。虽然从工业社会过渡到生态社会是历史大势所趋，但是经济社会的发展不会自发过渡到生态社会，可能需要很长时间，甚至付出几代人的代价。

政府应该率先决策，引导社会顺利转型。在由工业社会向生态社会的过渡中，政府必然具有特殊职能，没有政府必要的干预，工

业社会不会自发地过渡到生态社会。

（二）中国正处在工业化中期，只有政府才能在工业化进程中推动实现生态化，才会避免先污染后治理的弯路

地球的资源是有限的，人类只有一个地球，西方发达资本主义国家在工业文明的进程中，已经给地球资源造成了极大的浩劫。作为地球上拥有人口最多的国家，我国庞大的人口数目已经给地球资源造成了相应的承载负担，我们没有理由再继续为了追求 GDP，而进一步耗费地球资源。我们也无法走发达国家的先污染再治理的道路，因为我们没有多余的时间和精力去浪费。我们所能做的就是要以史为鉴，不重蹈西方工业文明破坏生态环境的覆辙，在推动经济增长的同时，更要实现生态效益和经济效益。在这个过程中，只有政府才能起到强大助推器的作用。

首先是缩短过渡时间。在由工业文明向生态文明过渡的过程中，难免会出现各种各样的矛盾和问题，政府主动干预，恰恰可以缓解这些问题，把过渡期压缩在最短的时间范围内。

其次是助推生态观念迅速普及。工业社会与生态社会在价值取向上有冲突。这就需要政府先大力地普及教育，而后强制向社会灌输生态社会的观念，把社会普遍推行的生态价值取向逐步合法化。

再次是重新调整利益分配。新能源产业、生态产业在崛起，资源耗费型产业在衰退，政府需要重新调整不同利益集团既得利益和预期利益，而且还要提供利益补偿。而这种补偿只能依赖政府强制力进行。

最后是承担社会成本。社会转型是要付出成本的，既包括经济成本，也包括政治成本。政府是社会利益的调节器，也是各种利益

公平分配的协调者,因而只有政府才能承担社会转型的成本。

生态社会建设面临诸多困境与政府建设生态社会的内在需求客观上要求政府履行生态责任,也只有政府才能使工业社会平稳过渡到生态社会。

五、政府在推动生态社会建设中的重要作用

如前所述,在从工业社会向生态社会的转变过程中,政府不是消极的等待者,而是积极的推动者。

(一)制定产业政策,限制高能耗、高污染、资源浪费型产业发展,推动建设绿色 GDP

中国目前处于工业化中期,在中国几十年的工业化进程中,中国形成了"高消耗、高污染、低效率"的粗放型经济增长模式,自然资源和生态环境的约束已经成为我国经济可持续发展的瓶颈,也是我国产业结构调整升级不能回避的问题。我国要实现经济增长方式由粗放型向集约型的转变,逐渐形成低消耗、低污染、高循环、高效率的生产模式,不可避免地要通过行政命令或者法律手段限制高能耗、高污染,资源浪费型企业的发展,以推动绿色 GDP 增长。

绿色 GDP 的基本思想是由希克斯在其 1946 年的著作中提出的。绿色 GDP 也叫可持续收入,是指一个国家或地区在考虑了自然资源(主要包括土地、森林、矿产、水和海洋)与环境因素(包括生态环境、自然环境、人文环境等)影响之后,经济活动的最终成果,即将经济活动中所付出的资源耗减成本和环境降级成本从 GDP 中予以扣除的结果。只有当全部的资本存量随时间保持不变或增长时,这种

发展途径才是可持续的。绿色 GDP 核算也有利于提升中国在国际社会中的形象。

此外政府还要建立生态社会的产业结构。在生态社会的产业结构中将生态产业作为未来社会的主导产业。生态社会的产业结构模式应包括生态农业、生态工业、环保产业三大方面，其中环保产业还包括新能源产业、还原产业、服务产业、广义制造产业。政府要推动建立生态产业链，把生态农业、生态工业、环保产业有机地结合起来，建立生态产业园区，形成生态产业集群。

（二）完善财政税收政策，补贴低碳产业，建立生态税收体系

财政补贴作为一种宏观调控手段，是国家协调经济运行和社会各方面利益关系的经济杠杆，也是发挥财政机制分配作用的重要手段，可被政府用来实现多种政策目标，如对促进生产和流通的发展、稳定市场价格、保障人民生活，以及扩大出口等都有积极作用。

我国目前处于由工业经济向生态经济发展的瓶颈阶段，需要政府提供财政补贴，大力发展低碳产业和新能源产业。英国经济学家庇古早在 1932 年的《福利经济学》中就提出负外部效应理论。该理论是在为解决环境负外部性而出现的环境污染税理论的基础上发展起来的。他认为企业为了追求利润最大化，必然会按照边际收益和不包含边际社会成本的边际私人生产成本的交点来决定产量。这样的产量必然大于考虑了社会成本时的产量，这样就导致了社会效率的损失，并产生了环境负外部效应。这成为西方绿色税收的主要依据。自 20 世纪 70 年代以来，在西方发达国家中掀起了绿色税制改革的热潮。绿色税收也称环境税收，是以保护环境、合理开发利

用自然资源、推进绿色生产和消费为目的，建立开征以保护环境的生态税收的"绿色"税制。发达国家的绿色税收大多以能源税收为主，且税种多样化。以荷兰为例，政府设置的环境税有燃料税、水污染税、土壤保护税、石油产品税等十几种之多。我国政府也应当以此为借鉴，大力发展生态税收。同时对环保产品实行出口退税的政策。

（三）加大节能和环保的行政执法力度，严格监管资源浪费严重、环境污染严重的企业

我国1989年12月26日颁布并开始实施了《中华人民共和国环境保护法（试行）》（简称为环保法），主要目的是为了保护和改善生活环境与生态环境，防治污染和其他公害，保障人体健康促进社会主义现代化建设的发展。其中第十一条规定："国务院环境保护行政主管部门建立制度，制定监测规范，会同有关部门组织监测网络，加强对环境监测和管理。"第二十九条规定："对造成环境严重污染的企业事业单位，限期治理。被限制治理的企业事业单位必须如期完成治理任务。"第三十七条规定："污染物排放超过规定的排放标准的，由环境保护行政主管部门责令重新安装使用，并处罚款。"这几条法律已经赋予了政府行政执法权，并对一些危害环境的企业提出了治理办法，但是还不够细致。

第十九条规定："开发利用自然资源，必须采取措施保护生态环境。"第二十五条规定："新建工业企业和现有工业企业的技术改造，应当采用资源利用率高、污染物排放量少的设备和工艺，采用经济合理的废弃物综合利用技术和污染物处理技术。"这两条法律已经涉及到对高污染、高能耗的企业的法律规定。以上的法律规

定，是中国政府从行政执法的角度治理生态问题的第一步，但是还有很多不够完善的地方。政府必须关闭那些环境污染严重、能源浪费严重的企业，关闭经济效益低下、环境污染严重的小造纸厂、小煤矿。实现经济效益、生态效益和社会效益的综合最大化。

（四）加大科技投入，鼓励研发节能环保新产品，大力发展低碳新型战略产业

政府要制定有关科技创新政策，推动企业真正成为技术创新主体，发挥财政资金的引导和激励作用，加大科技投入，推进创新型经济发展，鼓励企业自主创新，研发环保节能新产品。政府通过助推新兴产业提升传统产业的技术含量和附加值，引导各类生产要素向新兴无污染产业领域转移，培育新的经济增长点，拓展新的生存与发展空间；提高各类资源利用效率，实现从资源消耗型经济向资源节约型经济的转变；提高环境治理和保护的水平，实现从以生态环境为代价的增长向人与自然和谐相处的增长转变。优化经济增长方式，发展绿色生态产业。把传统农业改造成节约能源、保护环境、改善生态的绿色生态农业，加大对新型绿色农业的投资，以科学环保的新产品、新方法去改造传统农业。积极发展生态工业，建立工业系统的生态生产网络，在工业集中地区建立生态工业园区，形成生态产业集群。积极推进清洁生产，大力发展新能源环保产业。美国在2010年已加大投资于太阳能、氢能、核能等无污染的投资项目，这也应为我国政府所借鉴。政府还要在全社会范围内培育人们的绿色生态观念和绿色消费观念。这是我国实现由工业社会向生态社会过渡的一条必由之路。

第四章　生态文明与人居建设

　　生态，显现着生活的美好姿态、生命的生动意态，是生物生理上和生活上习性的一种理想状态。生态就是指一切生物的生存状态，以及它们之间和它与环境之间环环相扣的关系，是"生态关系和谐"这一复合词的简称。目前"生态"一词涉及的范畴越来越广，是被社会所公认的习惯性用语，人们常常用"生态"来定义许多美好的事物，健康的、自然的、和谐的事物均可冠以"生态"修饰，如生态旅游、生态城市、生态建筑、生态健康等。当然，不同文化背景的人对"生态"的定义会有所不同，多元的世界需要多元的文化，正如自然界的"生态"所追求的物种多样性一样，以此来维持生态系统的平衡发展。

　　人居，顾名思义是人类居住生活的地方，是人类生存活动必不可少的空间，是人类在大自然中栖息生存的基地，是人类利用自然、改造自然的主要场所。人类居住环境泛指人类集聚或居住的生存生活环境，特别是指城市、建筑、风景园林等人工修建的环境。人居环境的核心是"人"，因为其是以满足人类居住需要为目的的。人居环境就城市和建筑的领域来讲，可具体理解为人的居住生活环境，它要求建筑必须将居住、生活、休憩、交通、管理、公共服务、文化等各个复杂的要求在时间和空间中结合起来。整个人类的聚居环境按不同尺度分五个层次，第一层次是家居空间，第二层次是社区空间，第三层次是城市空间，第四层次是区域空间（省与省或国与国空间），第五层次是全球空间。

生态人居是指基于发展的理念，在特定条件下，以尊重自然、依托经济、培育社会为前提，既满足人类栖居生活的基本需求，又具备可持续发展能力的人居环境空间体系。是测度人的生存、生产、生活环境，包括人体和人群的生理、心理和社会生态，即人居物理环境、生物环境和代谢环境，以及产业和区域社会生态服务功能的健全环境。

第一节　生态村的建设

一、生态村的概念

生态村的概念最早是由丹麦学者罗伯特·吉尔曼在他的报告《生态村及可持续的社会》中提出。报告中定义生态村是以人类为基准，把人类的活动结合到不损坏自然环境为特色的居住地中，支持适当的开发利用资源及能可持续发展到未知的未来。

1991 年，丹麦成立了生态村组织并给出了生态村的概念：生态村是在城市及农村环境中可持续的居住地，它重视及恢复在自然与人类生活中四种组成物质的循环系统：土壤、水、火和空气的保护，它们组成了人类生活的各个方面。

基于我国生态农业实践，目前我国学者普遍认同的生态村的概念是指在一个自然村或行政村范围内充分利用自然资源，加速物质循环和能量转化，以取得生态、社会、经济效益同步发展的农业生态系统。

显而易见，我国的生态村并不等同于西方发达国家所认定的生态村，只是名称上偶然雷同而已，彼此之间并无内在关系。国外生态村要做到的是，维持居住地的可持续性，其经济发展要为生态村本身造福，强调有机的农业生产和自给自足，需要文化传统及决策多样性，并重视现代科技的作用。很多人认为，国外生态村建设所包含的精神和一些具体做法对我们的生态村建设有很大的启发和借鉴作用。于是，打着生态村招牌，形形色色的建设运动在我国各地展开了。固然，国外生态村的建设对我国是有借鉴作用，但是却与我国的国情、所处的发展阶段相脱离。我国对生态村的概念及内涵建设应该更侧重于实际的生产模式与内容，如生态工程建设（种植养殖工程、物质能量合理循环工程），要强调经济、生态、社会效益相统一，这也是由我国的特殊国情所决定的。与我国的生态村建设不同，西方的生态村建设更多的是一种后工业化现象，表现出一种社会思潮，所追求的是一种理想的生活方式。

二、生态村的由来以及国外生态村运动

早在 20 世纪 90 年代初，一些发达国家对于环境破坏、不可再生资源的过量消耗、栖息地的污染与生活方式就有了一定程度的不可持续性的认识和反省。联合国在伊斯坦布尔召开世界居住地第二

次各国首脑会议，讨论如何使人类在地球上保持可持续的居住地，如何保护环境及未来的城市文明，从此生态村及全球生态村运动在发达国家及发展中国家的研究及实践便蓬勃兴起。在国外，从政府部门到非政府组织以及各行业的从业人员都在寻求可持续发展的方式并进行探索。针对石油农业的弊端，已有多种多样的替代农业在西方及一些发展中国家进行着实践，有着各种各样的称谓，例如有机农业、生物农业、生物动力农业、生态农业、再生农业、自然农业、持久农业等，其目的就是在发展农业生产同时，保护生态环境，合理充分利用自然资源，实现可持续发展。随着我国经济的快速发展，城市化、工业化进程的不断深入，广大农村的生态环境也遭到了不同程度的破坏。特别是长期以来，我国农村经济发展的粗放性、低效性和盲目性，不仅消耗了大量的资源，更进一步恶化了农村生态环境，如水土流失、土壤荒漠化、肥力下降、化肥和农药等的污染。为此我国从 80 年代进行了生态农业建设的探索，在发展农村经济的同时，保护农村环境，实现经济、生态、社会三个效益的统一。

目前，国外生态村运动在许多北欧国家已经发展壮大了，并且在其他国家也开始发展。就目前发展状况来讲，在北半球发达国家，人们创建生态村的动机倾向于三种目的：生态化、宗教精神化和社会化。生态化的动机是对环境有破坏性的不可持续政策的反应，注重强调人与自然、悠久文化和谐地生活在一起，在食物生产及能源消耗上自我维持。宗教精神化动机是对西方精神荒芜的哲学和他们认为许多传统宗教的教条、狭隘思想的反应。社会化动机是对由传统教育造成的人与人之间情感的疏远、家庭的衰落以及排除社会残疾成员的反应。

在发展中国家及在南半球的生态村运动同发达国家是完全不同的。大多数人生活在广大的农村并持续了几个世纪，但是随着他们被卷入巨大的城市化运动，这种生存状态正在迅速消亡。显然，这种城市化运动的动机是人们看到北半球发达国家在城市中的"理想生活"，认为自己也可以获得同样的"理想生活"的空想所导致的。

三、我国生态村的现状

我国目前正处于社会主义发展阶段，生态村系统是典型的开放系统，具有自然、经济、社会等多重性质、多层次、多侧面的复杂系统。其内涵是遵循可持续发展的要求，以生态学、生态经济学原理为指导，以生态、经济、社会三大效益协调统一为目标，运用系统工程方法和现代科学技术建立的具有可持续发展的多层次、全功能、结构优的村庄组合和农业生产体系的生态良性循环体系，它是社会、经济、自然协调发展，物质、能量、信息高效利用，物质与精神双文明的农村人居环境和生产基地。从实践上定位，则可将其简要概述为环境优美、经济发达、生活富裕、高效低耗、资源节约、良性循环、持续发展，从而实现在绿色村庄建设和农业经济发展整体上的整合，达到生产、生活、生态的高度统一。生态与经济协调发展，经济效益、社会效益和生态效益的统一是生态村建设的根本目标。生态村的建设不仅重视生态环境保护，充分合理利用资源，强调生产效率，减少污染排放，而且还强调经济的稳定发展和满足人们日益增长多层次的社会需求，把传统农业技术和现代农业技术有机地结合起来，建立生态合理、经济高效的现代化持续农业，追求生态、经济和社会整体协调发展。这也是建设生态村必须长期坚持的目标。

四、我国生态村建设的基本原则

我国生态村的建设模式具有多样性和复杂性的特点，但不管怎样，生态村建设必须遵循一些基本原则。

1. 相宜性原则

由于各地的自然条件、土地生态类型、社会经济和技术条件等不尽相同，所以生态村的设计规划必须根据当地、当时的自然、经济和社会条件进行相适宜的设计规划。具体来说，首先要与自然资源相适应，宜农则农，宜牧则牧；第二，要与市场需求相适应，产销对路；第三，要与"户情"相适应，根据各自的劳力、资金、文化水平、技术要素、管理能力，合理选择经营项目；第四，要与党和政府的政策和伦理道德相适应。

2. 效益统一原则

生态村的规划建设是以实现生态效益、经济效益、社会效益三者的协调统一为基本原则，以实现农村经济的持续发展。这要求生态村建设时必须遵循市场经济规律，加强市场预测，在品种选择、资源配置、产业结构规划时尽量以市场为导向；同时在追求经济、社会效益的同时也要注意保护环境，保育资源，加强生态建设，促进人、自然、社会的和谐统一。

3. 整体协调再生循环利用原则

只有从整体上把握系统的动态，才能实现系统的合理调控。协调的实质是综合，是协调生物与环境或个体与整体之间的关系；再生是实现系统内的充分利用，才能实现生态村的自净、无废弃物生产，减少污染以实现可持续的发展。

4. 人的发展原则

生态村建设最终目的是改善并提高人民的生活质量，和推动社会的持续发展。经济的增长是发展的重要因素，但决不是目的，生态村的建设不仅要物质生活丰富，还要环境优美、人民健康、人口素质提高等。只有我们的生活在所有这些方面都得到改善和提高时，才是真正的发展。

五、我国生态村建设的研究进展

我国对生态村的研究始于 20 世纪 90 年代，从研究对象来看，我国对生态村的研究一直是将农田生态系统和村落生态系统看作是一个整体进行研究的，并始终关注这两个系统之间物质、能量的循环和交换，以及它们的协调发展。由于生态村建设的内容广泛，我国对生态村的研究内容也相当广泛，可以概括为以下几方面：

1. 对生态村个案的研究即对单个村落生态系统进行研究：包括农业生态系统结构研究，生态村的经济、社会、生态效益的评价分析，生态村系统内的物质流、能量流的分析，生态村规划设计研究，生态村的建设模型和发展方向问题研究等。

2. 生态村的生态技术和生态工程的研究：我国一直十分重视对于生态技术和生态工程的研究，并取得了许多重要的进展，如生态种植、养殖技术与工程，物质、能量循环利用技术与工程，我国也开展了一些适合村庄的现代生态住宅的研究。

3. 生态村评价方法与标准的研究：目前我国这方面的研究正在不断充实和完善，国家环保局已提出了一套评价生态示范区的标准，但我国对生态村的评价指标具有明显的地域特点，既不利于横向发展，也难于统一管理。

可以说，我国生态村的建设和研究已经迈上了一个新的台阶，但它毕竟还很年轻。目前，对生态村建设的标准和评价村落生态经济问题的研究，对乡村中生态建筑、生态社区的研究单一且滞后于生态村的建设实践。随着科学的发展和人类社会的进步，我国生态村的建设模式和评价体系将进一步完善，生态村的本质内涵也不断得到扩展，必将实现由原来注重单项技术突破向综合建设方面跨越，由注重经济、环境建设的模式向包括人文环境建设在内的综合模式趋近。

多年对生态村建设的对研究实施过程对人类的益处很多，它不仅是发达国家在经历了现代农业辉煌成果而又受自然界惩罚之后的深刻反思，更是发展中国家可学习并加以借鉴的。我国生态村的建设经过了十几年的理论研究和实践探索，涌现了许多好的经验和成功的典型，生态村是符合我国国情、国力且切实可行的发展模式，是我国社会经济持续发展的必由之路。随着我国可持续发展战略的实施，我国生态村的建设必将有广阔的应用前景。

【拓展阅读】

国家级生态村建设指标体系

一、基本条件

1. 制订了符合区域环境规划总体要求的生态村建设规划，规划科学，布局合理，村容整洁，宅边路旁绿化，水清气洁。

2. 村民能自觉遵守环保法律法规，具有自觉保护环境的意识，近三年内没有发生环境污染事故和生态破坏事件。

3. 经济发展符合国家的产业政策和环保政策。

4. 有村规民约和环保宣传设施，倡导生态文明。

二、考核指标

	指标名称	东部	中部	西部
经济水平	1. 村民人均年纯收入（元／人／年）	≥ 8000	≥ 6000	≥ 4000
环境卫生	2. 饮用水卫生合格率（%）	≥ 95	≥ 95	≥ 95
	3. 户用卫生厕所普及率（%）	100	≥ 90	≥ 80
污染控制	4. 生活垃圾定点存放清运率100%	100	100	100
	5. 无害化处理率（%）	100	≥ 90	≥ 80
	6. 生活污水处理率（%）	≥ 90	≥ 80	≥ 70
	7. 工业污染物排放达标率（%）	100	100	100

资源保护与利用	8. 清洁能源普及率（%）	≥ 90	≥ 80	≥ 70
	9. 农膜回收率（%）	≥ 90	≥ 85	≥ 80
	10. 农作物秸秆综合利用率（%）	≥ 90	≥ 80	≥ 70
	11. 规模化畜禽养殖废弃物综合利用率（%）	100	≥ 90	≥ 80
可持续发展	12. 绿化覆盖率（%）	高于全县平均水平		
	13. 无公害、绿色、有机农产品基地比例（%）	≥ 50	≥ 50	≥ 50
	14. 农药化肥平均施用量	低于全县平均水平		
	15. 农田土壤有机质含量	逐年上升		
公众参与	16. 村民对环境状况满意率（%）	≥ 95	≥ 95	≥ 95

三、指标解释

本创建标准中所指"村"是指依据国家有关规定设立的行政村。

（一）基本条件

1. 制订了符合区域环境规划总体要求的生态村建设规划，规划科学，布局合理，村容整洁，宅边路旁绿化，水清气洁。

（1）制订了符合区域环境保护总体要求的生态村建设规划，并报省、自治区、直辖市或计划单列市环保部门备案。

（2）村域有合理的功能分区布局，生产区（包括工业和畜禽养殖区）与生活区分离。

（3）村庄建设与当地自然景观、历史文化相协调，有古树、古迹的村庄，无破坏林地、古树名木、自然景观和古迹的事件。

（4）村容整洁，村域范围无乱搭乱建及随地乱扔垃圾现象，管理有序。

（5）村域内地表水体满足环境功能要求，无异味、臭味（包括排灌沟、渠，河、湖、水塘等。不含非本村管辖的专门用于排污的过境河道、排污沟等）。

（6）村内宅边、路旁等适宜树木生长的地方应当植树。

（7）空气质量好，无违法焚烧秸秆垃圾等现象。

考核方式：查阅材料；现场察看、测试。

2. 村民能自觉遵守环保法律法规，具有自觉保护环境的意识，近三年内没有发生环境污染事故和生态破坏事件。

（1）村内企业认真履行国家和地方环保法律法规制度，近三年内没有受到环保部门的行政处罚。

（2）村内没有大于25度坡地开垦，任意砍伐山林、破坏草原、开山采矿、乱挖中草药及捕杀、贩卖、食用受国家保护野生动植物现象。

（3）近三年没有发生环境污染事故。

考核方式：现场走访、察看；查阅有关证明材料；问卷调查。

3. 经济发展符合国家的产业政策和环保政策。

（1）无不符合国家环保产业政策的企业。

（2）布局合理，工业企业群相对集中，实现园区管理。

（3）主要企业实行了清洁生产。

考核方式：查阅材料；现场察看、走访。

4. 有村规民约和环保宣传设施，倡导生态文明。

（1）制定了包括保护环境在内的村规民约，并做到家喻户晓。

（2）有固定的环保宣传设施，内容经常更新。

（3）群众有良好的卫生习惯与环境意识，有正常的反映保护环境的意见和建议的渠道。

考核方式：问卷调查；查阅资料；现场走访、察看。

（二）考核指标

1. 村民人均年纯收入

考核方式：查阅统计部门的统计资料。

2. 饮用水卫生合格率

生活饮用水质符合国家《农村实施〈生活饮用水卫生标准〉准则》。计算公式：饮用水卫生合格率＝村域内符合国家《农村实施〈生活饮用水卫生标准〉准则》的户数／全村总户数 ×100%。其中全村总户数包括外来居住或临时居住的户数（下同）。

考核方式：查阅全村总户数名册和饮用水达标户名册，验收时现场抽查。

3. 户用卫生厕所普及率

卫生厕所普及率指使用卫生厕所的农户数占农户总户数的比例。计算公式：户用卫生厕所普及率＝使用卫生厕所的农户数／全村总户数 ×100%。

（1）建有卫生公共厕所且卫生公厕拥有率高于1座/600户，公共厕所落实保洁措施。

（2）卫生厕所应保证通风、清洁、无污染，包括粪尿分集式生态卫生厕所、栅格化粪池厕所、沼气厕所等多种类型。各地可根据改水改厕要求，选择适宜类型。

（3）草原牧区经其省级卫生部门或环保部门认可的其他不污

染环境的各种方式也可算作卫生厕所。

考核方式：查阅卫生厕所使用户名册，验收时现场抽查。

4. 生活垃圾定点存放清运率及无害化处理率

（1）有固定的收集生活垃圾的垃圾桶（箱、池）。

（2）定期清运并送乡镇或区县垃圾处理厂进行了无害化处理。

（3）有卫生责任制度，有专人负责全村垃圾收集与清运、道路清扫、河道清理等日常保洁工作。

生活垃圾定点存放清运率＝生活垃圾定点存放并得到及时清运的户数／全村总户数 ×100%。

生活垃圾无害化处理率＝全村生活垃圾无害化处理量／全村生活垃圾产生总量 ×100%。

考核方式：查阅垃圾处理厂的证明材料、垃圾管理的规章制度与日常保洁人员的工资发放证明材料。

5. 生活污水处理率

生活污水处理率＝（一、二级污水处理厂处理量＋氧化塘、氧化沟、净化沼气池及土地或湿地处理系统处理量）／村内生活污水排放总量 ×100%。

考核方式：查阅资料；现场察看。

6. 工业污染物排放达标率

工业企业废水、废气及固体废弃物排放达到国家和地方规定的排放标准。工业企业污染物达标排放率＝村域内工业企业废水（废气、固体废弃物）达标排放量／村域内废水（废气、固体废物）排放总量 ×100%。取废水、废气、固体废弃物排放达标率的平均数；

有关解释参照国家环保总局的统计口径。

考核方式：查阅县级环保部门的证明材料；现场察看。

7. 清洁能源普及率

指使用清洁能源的户数占总户数的比例。计算公式：清洁能源普及率＝村域内使用清洁能源的户数／全村总户数×100%。

清洁能源指消耗后不产生或污染物产生量很少的能源，包括电能、沼气、秸秆燃气、太阳能、水能、风能、地热能、海洋能、秸秆等可再生能源，以及天然气、清洁油等化石能源。

考核方式：提供清洁能源使用户名册，验收时现场抽查。

8. 农膜回收率

指回收薄膜量占使用薄膜量的百分比。农膜回收率＝回收薄膜量／使用薄膜量×100%。

考核方式：查阅农资使用的证明材料；现场察看农膜回收系统及其回收利用证明原件和原始记录单；抽样调查。

9. 农作物秸秆综合利用率

农作物秸秆综合利用包括合理还田、作为生物质能源、其他方式的综合利用，但不包括野外（田间）焚烧、废弃等。农作物秸秆综合利用率＝农作物秸秆综合利用量／秸秆产生总量×100%。

考核方式：查阅农业部门或环保部门的证明材料；现场察看综合利用设施；走访群众。

10. 规模化畜禽养殖废弃物综合利用率

指通过沼气、堆肥等方式利用的畜禽粪便的量占畜禽粪便产生量的百分比。草原牧区等非集中养殖区土地系统承载力如果适

154

应，还田方式亦算综合利用，但污染物影响他人生产生活的还田方式则不算。畜禽养殖废弃物综合利用率 = 综合利用量 / 产生总量 ×100%。

考核方式：查阅材料；现场察看。

11. 绿化覆盖率

以林业主管部门的统计口径为准，但水面面积较大的地区在计算绿地覆盖率时水面面积可不统计在总面积之内。

考核方式：查阅县级林业行政主管部门的证明材料。

12. 无公害、绿色、有机农产品基地比例

指按照国家相关标准，经有关部门或认证机构认证的无公害、绿色、有机农产品基地面积之和占行政村农业总面积的百分比。

（1）有生物、物理防治农业病虫害的措施。

（2）主要农产品农药检出率符合国家规定的要求。

（3）有经有关部门或认证机构认证的绿色、有机农产品基地，或有经有关部门或认证机构认证的绿色或有机农产品。单纯的工业村、林业村、旅游村和其他没有无公害、绿色、有机农产品生产基地的村不考核此部分。

考核方式：查阅有关材料、有关证书；现场走访、察看。

13. 农药化肥平均施用量

考核近三年农田农药化肥施用情况。

考核方式：查阅有关证明材料；现场察看有关措施。

14. 农田土壤有机质含量

考核近三年农田土壤有机质含量的情况。

考核方式：查阅有关证明材料；现场察看。

15. 村民对环境状况满意率

对村民进行抽样问卷调查。随机抽样户数不低于全村居民户数的五分之一。问卷在"满意"、"不满意"二者之间进行选择。村民环境状况满意率＝问卷结果为"满意"的问卷数／问卷发放总数×100%。

考核方式：现场抽查；考核期间，进行公示，接受群众举报。

【拓展阅读】

国家级生态村名单

第一批国家级生态村名单（共24个）

（批准文号：环发[2008]21号，批准时间：2008年4月28日）

地　区	国家级生态村
山　西	长治县永丰村
辽　宁	海城市王家村
吉　林	安图县红旗村
上　海	闵行区旗忠村 崇明县前卫村
江　苏	常熟市蒋巷村 昆山市大唐村
浙　江	奉化市滕头村 台州市方林村
安　徽	马鞍山市三杨村
江　西	浮梁县瑶里村
山　东	济南市艾家村

河 南	临颖县南街村
湖 北	宜都市袁家榜村
广 东	佛山市罗南村 广州市小洲村
广 西	武鸣县濑琶村
海 南	琼海市文屯村
四 川	成都市红砂村 郫县农科村
云 南	富源县富村村
甘 肃	临泽县芦湾村
宁 夏	吴忠市塔湾村
新 疆	呼图壁县五工台村

第二批国家级生态村名单（共 83 个）

（批准文号：公告 2010 年第 37 号，批准时间：2010 年 3 月 19 日）

一、北京市（2 个）	
顺义区北郎中村	怀柔区北沟村
二、河北省（5 个）	
迁安市唐庄子村	迁安市杨家峪村
唐山市西高丘村	唐山市刘家湾村
唐山市林港村	
三、山西省（2 个）	
长冶市南宋村	临汾市南西庄村
四、吉林省（2 个）	
长春市青山村	长春市陈家店村
五、黑龙江省（2 个）	
齐齐哈尔市兴十四村	大兴安岭地区北极村

六、江苏省（11个）	
无锡市华西村	无锡市善卷村
无锡市竹海村	苏州市程墩村
苏州市电站村	南通市顾庄村
南通市园庄村	泰州市河横村
南京市瑶宕村	扬州市横沟村
盐城市东晋村	

七、浙江省（7个）	
湖州市高峰村	湖州市高家堂村
杭州市小古城村	杭州市建一村
宁波市湾底村	台州市松建村
温州市埭头村	

八、安徽省（4个）	
黄山市庄里村	黄山市唐模村
六安市长院村	巢湖市陈墩村

九、福建省（3个）	
福州市梅洋村	三明市音山村
三明市水际村	

十、江西省（8个）	
萍乡市麻山村	萍乡市王家源村
九江市长水村	新余市昌坊村
赣州市梅屋村	吉安市渼陂村
吉安市石坑村	吉安市车田村

十一、山东省（5个）	
青岛市长阡村	威海市鲍村
威海市泽库村	日照市李家庄村

德州市靠山杨村	
十二、河南省（6个）	
郑州市杨树沟村	漯河市北徐村
漯河市龙堂村	焦作市西滑封村
焦作市万北村	洛阳市谢庄村
十三、湖南省（8个）	
张家界市双峰村	张家界市家洛村
怀化市黔中郡村	怀化市高第村
常德市鹤峰村	常德市刘炎村
常德市同心村	常德市太平村
十四、四川省（5个）	
成都市石庙村	成都市安龙村
成都市惠民社区	广元市将军村
眉山市莲花村	
十五、陕西省（3个）	
宝鸡市曹家塬村	汉中市胡家扁村
延安市韩沟门村	
十六、甘肃省（5个）	
张掖市南岔村	张掖市芦堡村
天水市庙坪村	天水市何家庙
天水市刑泉村	
十七、宁夏自治区（3个）	
银川市碱富桥村	石嘴山市路家营村
吴忠市赵渠村	
十八、新疆维吾尔族自治区（2个）	
阿克苏市古如其阔坦村	阿克苏市托万克阿依赛克村

【拓展阅读】

生态村建设指标体系
——山东省济南市历城艾家村建设调查

艾家村是历城区锦绣川乡的一个偏僻山村，位于锦绣川水库下游，现有 100 户 345 口人。过去该村由于土地资源稀少，村民致富门路不多，人均收入不足 1600 元，村集体基本没有收入，是典型的经济薄弱村。2002 年以来，村里抓住省里生态家园富民计划试点机遇，以实施"一建三改"（即建沼气池和改厕、改圈、改厨）工程为突破口，大力开展文明生态村建设，取得明显的综合效益。至 2004 年底，全村 85% 以上的农户完成"一建三改"，道路硬化和绿化面积均达到 100%，村民人均纯收入 3500 元，比三年前翻了一番。文明生态村建设使全村出现了生态良性循环，人与自然和谐发展，家居环境清洁卫生，村庄、庭院绿化美化，农民收入增加，生活质量和文明素质得到很大提升，农民群众的传统观念发生明显转变，走出了一条适合山区发展的新路子。他们的经验受到了省市领导的充分肯定，先后获省级卫生村、省先进基层组织、市区两级文明村等荣誉称号。

一、以"一建三改"为突破口，实施村容村貌整治工程

近年来，按照建设文明生态村的要求，村两委对村容村貌进行新的规划和整治，重点抓了四项工程。一是"一建三改"工程。在实施"一建三改"工程中，村两委广泛宣传其重要意义，组织部分

村民到外地参观，参加省沼气技术培训班学习，村干部和党员带头示范，让村民看到了实实在在的好处，打消了顾虑。在此基础上，他们充分利用上级的补助资金，发动村民筹资12万元，高标准建起了85个强回流式沼气池，完成省里下达指标的200%，被省里誉为最好的试点村之一。二是户户通自来水工程。在包村单位的支持下，先后筹集5万多元资金，兴建了提水站和一座大型蓄水池，铺设2000多米自来水管道，使家家户户用上干净的自来水。三是户户通柏油路工程。结合市里"村村通公路"工程，将进村主街道拓宽至16米，硬化了村内大小胡同1200多米路面，并安装了21盏高标准强光路灯。四是绿化美化工程。对村里房前屋后和道路两侧进行统一绿化美化，绿化率达到100%，新建了垃圾站，配备了专职环卫员，对卫生实行规范管理。上述工程的实施，使村里的面貌焕然一新，过去粪便到处堆，晴天苍蝇蚊子乱哄哄，雨天满街污水横流的脏乱差状况得到了彻底改变，为村民营造了舒适、洁净的生活环境。

二、大力发展循环型农业，提高综合生产能力

艾家村所处的南部山区是济南水源保护地，工业项目发展受到限制，长期以来，村民收入主要靠养猪、做豆腐和种果树，增长比较缓慢。通过"一建三改"工程，搞起综合利用，使村里这些老产业焕发出新的生机，形成了"豆—猪—沼—果"循环型生态农业模式，即用豆渣喂猪—猪粪变沼气、沼液、沼渣—沼气做饭照明—沼液、沼渣喂猪或作果树肥料。这种模式的推广，不仅提高了农业综合生产能力，而且促进了农民增收，据测算，用沼渣、沼液喂猪，

一年多出一栏，多收入 500 元；沼气代替煤、电，一年节支 500 元；用沼液、沼渣育果树，替代化肥和农药，果树不生虫、抗霜冻，产的果子个大、肉厚、味甜、价格高，加上省掉的农药化肥钱，一年平均每户受益 1200 元，几项相加村民每年净增收 2000 多元。循环型农业的发展，激发了村民发展生态农业的积极性，过去村里曾被遗弃多年的 30 多亩荒山荒坡，现已被栽满了果树；村民还自发建立林果协会和农民夜校，定期邀请省内著名专家前来授课，推荐新品种，传授新技术，提高了村民素质，开阔了村民眼界。两年多来，村里先后引进了 30 多个优质果树品种，把全村 216 亩土地变成了种植"优、新、特"品种的果园，并形成了以"秀丰梨"为代表的一批特色品牌，出现了每到丰收季节，各路客商纷沓而至且踊跃争购的场面。如今的艾家村不仅成为远近闻名的"养猪专业村"、"豆腐专业村"和"林果专业村"，而且还以依山傍水、果色飘香、优美洁净的环境，成为南部山区一道靓丽的风景线。

三、利用生态优势，激活村级经济

生态环境的改善，村容村貌品位的提升，提高了村民生活质量，同时也激活了村级经济快速发展。现在艾家村生产的果品，彻底改变了过去村民拿着进城卖，被城管人员撵着满街跑的窘境，吸引了多家投资商前来洽谈合作开发。银座、沃尔玛、家乐福等十多家超市都慕名而来，签定了长期供货合同。

2003 年，锦绣源食品有限公司又落户艾家，投资两百多万元建起了一百多吨的冷库，去年 12 月，该公司又投资两百多万元，建起了集林果、花卉、畜牧、观光为一体的精品生态示范园区。龙头企业的落驻，以定单的形式与农户签定合同，使村里的果品生产走上了"龙头带基地—基地联农户"的产业化经营路子。至2004年底，在村里落户的企业已有四家，投资额逾千万元。村里还借靠近红叶谷、金象山等旅游景点的区位优势，积极开发生态旅游，连续两年举办"采摘节"和"锦绣川苹果王"大赛，吸引数万名市民前来旅游观光，其中70年代在村里插队的一些老知青，看到艾家村的巨变，感慨万千，主动为村里发展建言献策、牵线搭桥。最近，他们还准备开发一批具有山区特色的"农家乐"旅游项目，以此吸引更多的游客，不断做大做强旅游产业。循环农业的发展和龙头企业的引进，增加了村民致富门路，目前村民除发展庭院经济、种好管好果园外，纷纷到龙头企业或外出打工，全村没有一个闲置劳动力，就连沼气技术人员也被四里八乡请去指导建池，一年下来，收入非常可观。

四、倡树文明新风，构建和谐发展新农村

艾家村在抓好村容村貌整治和经济发展的同时，通过建设文体活动中心、开展文明户创评等措施，丰富了群众的精神文化生活，推进物质文明、精神文明的协调发展。村里筹资32万元建起了设有图书室、阅览室、电教室、棋牌室、宣传栏、篮球场、健身器材，即"七位一体"的文体活动中心，家家户户都通上了有线电视，村民靠打牌、聊天消磨时光的少了，学习新技术、参加文体活动的多了，村民过上了像城里人一样的好日子。他们深入开展了"十星级"文明户创评活动，目前已有50%户达到了"十星级"标准，农民的

生态意识、家园意识、现代文明意识明显增强，形成了人人争做勤劳、善学、文明、守法村民，家家争创"十星级"文明户的良好氛围。为发挥党员的模范带动作用，艾家村开展了党员"双学双带、联户联富"活动，健全党员学习和"三会一课"制度，定期开展教育活动，提高了党组织的凝聚力和号召力。村支书艾传民同志率先垂范，以身作则，经常到老弱病残和贫困户家里走访慰问，帮助他们解决生产生活中的实际困难。今年他又把上级奖励他的 3000 元现金捐给村幼儿园用于改善设施，受到群众的交口称赞。村两委严格实行"两议五公开"制度，对事关全村发展的重大问题和群众关注的热点、难点问题，都经过村民代表议事会和党员议事会讨论通过后执行，村民参与村务管理的积极性很高，村级管理逐步走上了民主化、规范化轨道，党群干群关系十分融洽。现在群众有事都爱找村干部商量，2002 年以来全村没发生一例上访事件。

第二节　绿色社区的建设

一、绿色社区的概念

绿色社区是指具备了一定符合环保要求的硬件设施，建立了较完善的环境管理体系和公众参与机制的社区。绿色社区的含义就硬件而言，包括绿色建筑、社区绿化、垃圾分类、污水处理、节水、节能和新能源等设施。绿色社区的软件建设包括一个由政府各有关部门、民间环保组织、居委会和物业公司组成的联席会；一支起骨干作用的绿色志愿者大队；一系列持续性的环保活动；一定比例的绿色家庭。

在现阶段，创建绿色社区可概况为要做到"六个一"，即建立一个由政府各部门和社会各界参与的联席会；一个垃圾分类清运系统；一块有一定面积和较高水平的绿地；一支起先锋骨干作用的绿色志愿者队伍；一个普及环保科学知识的宣传阵地；一定数量的绿色文明家庭。

绿色社区的目的是通过政府与民间组织、公众的合作，把环境管理纳入社区管理，建立社区层面的公众参与机制，让环保走进每个人的生活，加强居民的环境意识和文明素质，推动大众对环保的参与。在建设绿色社区的过程中，通过各种活动，增强社区的凝聚力，创造出一种与环境友好、邻里亲密和睦的社区氛围。

二、绿色社区的功能

1. 监督环境执法

绿色社区建立了以社区为基础的公民环保参与机制，从而发挥社区居民的监督执法的作用，保障公民的环境权益。

2. 提供政策建议

绿色社区以联席会制度、听取群众意见等方式，建立了政府与公民的沟通渠道。有助于居民参与政策建议，以及对政府正确决策的理解和实施。

3. 进行环保教育

绿色社区建立了社区环保的自我教育、自我管理的机制。可以使居民在日常生活中接受持续性的环境教育，提高环境意识。

4. 倡导绿色生活

绿色社区使环保成为一种生活方式，一种社区文化，一种人人可以参与的行为和时尚。这种环境文明不仅减缓了资源消耗与环境污染，造就了与自然和谐的生活环境，也有助于创造"绿色市场"，推动环保产业和建筑业、公交业、绿色食品业、回收业等相关行业的发展。

三、绿色社区的硬件和管理

（一）硬件建设

绿色社区的硬件建设主要是指社区里的各种环保设施，它是一个系统的全面的概念，它的根本含义在于对自然资源的较少损耗，以及对自然生态平衡较少的破坏。根据我国现有的社区建设状况，新建居民区应在建筑设计、建筑过程中考虑环保要求，配置如污水处理再利用、生物垃圾处理机等环保设施，使新建成的居民区一开始就具备绿色社区的硬件条件。老居民区可以根据自己的情况实施垃圾分类，搞好社区绿化，使用节水龙头、节能灯等。为了达到绿色社区硬件建设的目标，可以在以下几个方面进行绿色社区的硬件建设。

1. 绿色建筑：采用环保建材和环保涂料，在采光方面、房体保温、通风等方面都符合环保要求。

2. 垃圾分类：设置生物垃圾处理机、分类垃圾桶，大的居民区可以建立社区自己的垃圾分类回收清运系统。

3.污水处理：在有条件的小区，配置生活污水处理再利用系统，居民家的卫生用水可以使用二次水。

4.社区绿化：小区绿化覆盖面积占小区总面积的30%，采用多种绿化方式（立体绿化、屋顶绿化等）。

5.节水、节电：居民家中使用节水龙头、节能灯等，社区绿地浇水采用喷灌，采用太阳能热水器，等等。

对于现有的已建居民区，以垃圾分类、社区绿化、节水、节能为主。

（二）管理核心

联席会是绿色社区环境管理体系的核心，负责社区的环境管理和具体实施。根据其管理主体的特点，大致分为三种模式（以北京为例）。

1.政府有关部门、民间组织与物业公司共同参与的社区环境管理。

由政府有关部门（包括精神文明办、环保局、环卫局、街道办事处）、民间环保组织、居委会和有关企业（物业公司）组成联席会，联席会的成员各尽其责：精神文明办主管社区总体环境文明建设；环保局负责社区环保和污染控制的事务；环卫局承担垃圾分类的硬件设施和清运工作，进行垃圾分类回收的宣传；街道办事处和居（家）委会负责有关社区环境的行政性事务和组织各种环保活动；物业公司从事有关物业方面的管理；民间环保组织负责对居民环境意识和教育培训，引导公众对环保的参与。其特点是，由于政府有关部门的参与，加强了社区环境管理的力度，能够较有效地协调与周围单位所发生的环境问题。西城区建功南里是这种模式的试点。

2. 以居委会为主的社区环境管理。

居委会经常开展环境宣传教育活动，组织各种环保活动，实施垃圾分类等。其特点是通过居委会实施环境管理，组织居民参与各种环保活动，倡导居民选择绿色生活方式，来实现绿色社区自我教育、自我管理和公众参与的目标。西城区大乘巷是这种模式的试点。

3. 以物业公司、业主委员会为主的社区环境管理。

它要求物业公司有较高的环境意识和环境管理的能力，能够主动地与环保部门和环保组织联系，开展环保活动，选择绿色生活方式。这种模式从开发房产开始，房地产公司就将绿色环保建筑的理念贯穿于设计、施工、管理的全过程，使社区一开始就具备较高水平的环保设施。在业主入住后，物业公司和环保组织合作，建设绿色社区的软件体系。朝阳区嘉铭园是这种模式的试点。

随着绿色社区的推广，社会各界的关注和参与程度越来越高，会有更多的组织机构和单位参与到绿色社区的创建工作中，因此，联席会的形式可以多样，关键是要建立起社区层面的环境管理体系和公民参与机制。

四、绿色社区的主要内容

（一）绿色社区的主体

绿色社区的最主要目的，是使公民能够认识和行使自己的环保权利和责任，而这需要依托一系列的环保活动才能得以实现。绿色社区的环保活动可围绕公民环保权利与责任的四个方面来进行：

1. 关心环境质量

如在社区宣传栏公布空气质量、水、植被、垃圾等综合情况；组织居民参观环境展览、垃圾填埋场、污水处理厂，了解空气、水源水质的监测情况，等等。

2. 监督环境执法

定期公布政府的环境法规及最新修订信息，公布环保部门的执法热线；安排环境法规的教育培训，创造社区公众能够参加与监督执法的条件。绿色社区的居民作为一个生活于共同的生态环境并有着共同环境权益的群体，他们是帮助和监督环境执法最基层的力量。他们既可以举报有法不依的违法者，又可以监督执法不严的执法者，从而将公众参与环境执法监督落到实处，同时，居民在这个过程中也能够逐渐学会用法律来调停解决一切环境问题引起的争端。

3. 参与政策建议

定期组织公民听证会，让居民了解和讨论有关的环保政策。创造政府与民众在环境问题上的沟通机制和交流渠道，使社区居民（无论是科学家、教师、企业家、学生还是家庭主妇）有了直接的具体渠道，表达他们对环境问题的见解、建议，反映各方信息和意见，并使国家环保局已出台的"公众听证会"等制度有了最基层的载体。

4. 选择绿色生活

开展绿色生活方式的教育，了解环保与生活质量的关系，组织自愿实施绿色生活方式的各种活动，如安装节能灯、节水龙头和多种节水设施，实行垃圾分类，选购绿色食品和绿色用品，选择公共交通工具，拒吃野生动物和拒用野生动物制品等等。同时，使得彼此隔离的家庭之间经常为共同的环保事务而合作交流，增进邻里感情，增强社区凝聚力。

（二）绿色社区的骨干力量——志愿者团队

志愿者队伍由社区里的环保热心人组成，他们是社区里的环保骨干力量，积极组织和参与各种环保活动，并负有带头争做绿色家庭，以及带动其他家庭的责任。志愿者队伍的负责人，作为绿色社区联席会的成员，应主动参与社区的环境管理，并通过他们的工作，建立起居民对绿色社区的整体认同感，建立起亲密、和睦的邻里关系。

社区里的孩子是一支积极的力量，可以对他们进行培训教育，组织他们参加形式多样的环保活动。在绿色社区的实践中，宣传教育孩子，孩子带动家庭，家庭影响社区，已被证明是一条环境教育的有效途径。组织孩子志愿者队伍，还可与校园环保结合起来，社区附近的中、小学可以和社区联起手来，学校的环境教育与环境教育实践可以走进社区，社区开展环保活动也可请学校来参加。

五、绿色社区对居民的意义

绿色社区的居民作为一个生活于共同生态环境的群体，有着共同的环境权益；绿色社区将环境管理纳入了社区管理，而保护居民的环境权益也自然成为了社区管理的内容，当出现了社区范围内的环境问题或环境纠纷，绿色社区管理体系就可以出面联系有关方面解决、协调，从而保护居民的环境权益。

1. 帮助大家履行环保责任

公民的环境权利和责任包括：关心环境质量；监督环境执法；参与政策建议；选择绿色生活。绿色社区作为环境管理的体系，把分散的个人履行环保责任融为了一个整体，使个人的责任成为容易实现和可以操作的事情。

2. 增强人们的环境意识和文明素养

持续的环保宣传教育和一系列的环保活动，可以形成渗透性的效果，使社区的居民更加关注环境质量。居民在令自己的行为环保化的同时，也使自己的文明素养程度提高。而且，一个环境优美的社区，对每个居民的行为都是一个约束。

3. 创造与自然和谐的生活环境

绿色社区的建设包括硬件和软件。硬件建设给社区居民创造了良好的外部生活环境；软件建设中的选择绿色生活方式，其实质就是关爱地球，关爱生命，保护自然，与自然和谐相处。

4. 通过节能、节水、垃圾回收等环保行为获得经济效益

家庭里节能、节水的经济效益无疑是明显的。至于垃圾分类回收，或许一个家庭并没有从中获得可观的收益，但其社会效益却是巨大的，一是使有限的地球资源重复使用，以满足子孙后代的无限需要，二是减少垃圾量，减少耕地占用，减轻对环境的污染。

六、绿色社区先进典型的评选

绿色家庭是指积极参与社区环保活动，带头实施绿色生活方式的家庭。通过这些家庭影响和带动其他家庭选择绿色生活方式，使更多的家庭加入到绿色家庭的行列里。绿色社区的每个家庭都应该

通过选择绿色生活来参与环保。

1. 节水光荣

我们每天都要喝水、洗澡、洗衣服，可地球上维系我们生命的淡水资源十分紧缺，打个比方，地球上的总水量是一杯水，其中淡水有 1 茶匙，而可直接利用的淡水资源只有 1 滴水，而我国又是世界上 12 个贫水国家之一，淡水资源还不到世界人均水量的 1/4，所以我们更应该养成良好的用水习惯，做到节约用水。

★洗手擦肥皂时要关上水龙头，洗完手要关紧水龙头，看见漏水的水龙头一定要立刻拧紧。

★不要开着水龙头用长流水洗碗、洗衣服或打扫卫生。

★一水可以多用，尽量使用二次水。如，淘米和洗菜的第一遍水可以浇花；洗菜的第二遍、第三遍水等可以留下来，洗衣机的出水管可以放在大桶里，把水留起来，洗脸、洗手的水也可以接起来，这些水都可以用来擦地、冲厕所等。

★水龙头有滴漏现象，可先用一个容器接下来，以便利用，然后尽快请人来维修。

★洗淋浴比盆浴用水少，擦肥皂时关上水龙头，冲洗时间也不要太长。

★如果您家厕所的水箱是一个大容量的水箱，可在水箱里放置一个装满水的大可乐瓶或其他容器，这样可减少每次冲水的量。

★建议尽量使用节水龙头。

★少量衣服用手洗，不用洗衣机。

2. 保护水源，减少水污染

　　水资源短缺是自然条件决定的，水污染却完全是人为造成的。没有净化的工业污水和家庭洗涤剂的大量使用，造成我国有90%的城市的水域污染严重，而含磷洗衣粉的大量投用，使含磷污水排入江河，造成水体富营养化，藻类和其他微生物疯长，使水缺氧而殃及鱼虾。在此情况下，我们能为减少水污染做些什么呢？

　　★别去饮用水源地游泳、捕鱼和划船。外出游玩时，别往河里、湖里乱扔东西。

　　★不要在河边、湖边倾倒垃圾和废弃物。

　　★剩菜里的油腻物应倒入垃圾箱，洗碗盘时尽量不用或少用洗涤灵。

　　★选购无磷洗衣粉和洗涤剂。

　　★见到污染水源的现象，要及时制止，或报告有关部门。

　　3. 养成节电的美德

　　节约用电是为了节省能源，减少污染。我国发电主要靠燃煤，而按现在的消耗速度，全球的煤炭将在250年内用尽。燃煤会产生二氧化碳和二氧化硫，二氧化碳积聚在地面，会像玻璃罩一样，阻断地面热量向空中发散，使地球表面温度升高，形成"温室效应"。"温室效应"使全球气候变得异常，发生干旱或洪涝，还会使冰山融化，海平面升高，海拔较低的国家或岛屿就会被淹没。二氧化硫与空气中水蒸气结合会形成酸雨，它强烈地腐蚀建筑物，使土壤、水质酸化，粮食减产，草木鱼虾死亡。我国每年因酸雨污染造成的损失达200亿元左右。燃煤产生的大量粉尘在空气中形成悬浮颗粒物，当这种颗粒物随着人的呼吸进入肺部时，会对人体造成伤害。

由此可见节电是多么的重要，我们应在生活中随时注意节电。

★随时关掉不用的灯，不开长明灯。白天尽量利用自然光，在自然光线充足的地方学习。

★不同时开着不用的电器。看电视时，关掉电脑或收音机；听音乐时，别让电视和电脑等在一旁开着。不用的家用电器应随手关掉，而不要让它处在待机状态白白地耗电。

★尽量用扫帚和抹布打扫卫生，减少吸尘器的使用。

★尽量不装空调或少开空调，因为空调耗电很大，用风扇防暑降温比空调省几十倍的电力。

★要经常清洁灯管、灯泡或冰箱后面散热器上的灰尘。

★集中存取冰箱食物。减少开关次数，存取食品后尽快关好冰箱门。

尽量使用节能灯具。

4. 争做公交族或自行车族

如果在马路边行走，你可能会觉得空气很浑浊、刺鼻，这是由汽车排放的尾气所造成的，它严重污染大气，危害人体健康。由于汽车尾气排放大多在 1.5 米以下，因此儿童吸入的有害气体是成人的两倍。私家轿车虽然方便，但它的出行会增加尾气的排放量，多利用公共汽车、电车、地铁等公共交通工具，既可节约汽油，又可减少汽车尾气排放带来的大气污染，还可缓解道路的堵塞。懂得了这个道理，你一定会乐于这么做。有汽车的人应使用无铅汽油，铅会严重损害人的健康和智力。

5. 使用再生纸

节约用纸，使用再生纸。造纸需要大量木材，全国每年造纸消耗木材 100 万立方米，在造纸的过程中还会排出大量废水，污染河水，它所造成的污染占整个水域污染的 30% 以上。而再生纸是用回收的废纸生产的，一吨废纸能生产 800 千克再生纸，可少砍 17 棵大树，节省 3 立方米垃圾填埋空间，还可以节约一半以上的造纸能源，减少 35% 的水污染，所以使用再生纸是一件利国利民的大好事。

6. 选购绿色产品和绿色食品

"绿色产品"是指在生产、运输、消费、废弃的过程中不会给环境造成污染的产品，这些产品外都贴着环境标志。中国环境标志图形的中心是山、水和太阳，表示人类的生存环境，外围有 10 个环，表示大家共同参与环境保护。我们要尽量选购有环境标志的商品。目前，我国的环保产品有无氟冰箱和不含氟的发用摩丝、定型发胶、领洁净、空气清新剂等，还有无铅汽油、无磷洗衣粉、低噪声洗衣机、节能荧光灯、无镉汞铅的环保普通电池和充电电池。此外我们还应注意不要选购过度包装的商品，商品过度包装不仅浪费了消费者的金钱，而且也增加了垃圾量，污染了环境。

"绿色食品"是我国经专门机构认定的无污染的安全、优质、营养类食品的统称。绿色食品标志由太阳、叶片和蓓蕾三部分构成，标志着绿色食品是出自纯净、良好生态环境的安全无污染食品。

我们每天吃的很多蔬菜、水果都喷洒过农药，施过化肥，还有很多食品不适当地使用了添加剂。这样的食品会危害健康和智力，但是如果你吃的是绿色食品，就不用为此而担心了。目前我国的绿色食品达七百多种，涉及饮料、酒类、果品、乳制品、谷类、养殖类等各个食品门类，我们要尽可能选购绿色食品以促进我们的健康，也会给绿色食品行业带来生机，使生态环境得以改善。

7. 少用一次性制品

你可以注意一下身边有多少一次性用品：快餐盒、一次性筷子、一次性圆珠笔、塑料袋、塑料保鲜膜、纸尿布、一次性照相机……这些用完就扔的东西浪费了很多资源，也增加了大量的垃圾。我国仅塑料年度废弃量就达 100 多万吨。北京市平均每人每天扔掉一个塑料袋，一天就要扔掉 9.4 吨聚乙稀膜，仅原料就扔掉近 4 万元，所以我们应该尽量多用可重复使用的耐用品。

★自带饭盒用餐，少用一次性快餐盒。

★在商店买东西时，少用塑料袋，上街购物时带上一个环保购物袋。

★重复使用已有的塑料袋。

★少用一次性筷子，外出就餐时，可自备筷子或勺子。

★少使用纸杯、纸盘、塑料保鲜膜等。

★少使用木杆铅笔，因为制造木杆铅笔需要大量的木材，可以选择自动铅笔。

8. 做好垃圾分类回收

北京市人均每天扔出垃圾 1 千克左右，日产垃圾 1.2 万吨，年产垃圾 430 万吨，相当于每年堆起两座景山，其实垃圾中有很多东西是可以回收利用的。垃圾分类回收的好处，一是可以减少垃圾量，节省垃圾填埋场的土地面积，为后代留下生存的土地；二是减轻垃圾中有害物质对土壤和水的污染，比如回收废电池就可以减少对土壤和水源的污染，有利于身体健康；三是变垃圾为资源，使地球的有限资源服务于人类无限的需要。废塑料回收后，可生产再生塑料和炼出工业燃油；废纸回收后，可以生产好纸；用过的玻璃瓶、易拉罐回收后，可以再生玻璃和铝制品。因此，让我们在家庭和学校里实行垃圾分类回收，只需我们的举手之劳，就可使垃圾变成造福我们人类的宝贝。

★在家里设置几个垃圾筐，把垃圾分为废纸、废塑料、废玻璃、废金属和废弃物几类。

★如果你所住的小区没有实行垃圾分类，你可以建议居委会联系环卫局或回收厂家上门回收清运废纸、废塑料、废玻璃、废金属等。

9. 爱护动物，保护自然

动物和人类一样，都是大自然的子民。然而，人类为了自己的享受使许多动物濒临灭绝。在远古时代，平均每一千年才有 1 种动物绝种；现在，每年约有 4 万种生物灭绝。近一百年年来，地球物种灭绝的速度超出其自然灭绝率的 1000 倍，而且这种灭绝速度依然有增无减。我们每个人都应该唤起自己心中那份对自然的感情，在我们每个人心中建起一片自然保护区，从我们的身边做起，从源头开始保护野生动物，爱护万物。

★不吃野生动物做的菜肴，如熊掌、猴脑、鱼翅及各种珍稀鸟禽，不去那些食用野生动物的饭店就餐。

★不穿珍稀动物毛皮服装，不使用野生动植物制品，如象牙、虎骨、红木家具等。

★看到偷猎或偷卖野生动物的现象时，要进行劝阻，或向有关部门报告。

★在动物园要尊重动物，不要恫吓它们或乱投食物。

★不捕捉和饲养野生动物，遇到受伤害的野生动物，要及时报告有关部门，设法救护它们。

10.参加植树护林等环保活动

森林素有"绿色金子"之称，森林可以把二氧化碳转换成氧气；森林可以像抽水机一样把地下的水分散发到天空；森林可以用巨大的根系使土壤和水分得到保持，控制洪涝和荒漠化的发生；森林还是野生动物的家园。因此我们应该积极参加植树护林的各项环保活动。

★爱护每一块绿地，积极绿化造林活动

★看到毁树毁林行为要及时劝阻、制止或向有关部门报告。

★去郊外游玩时，不攀折、践踏花草树木，不随便采集标本。

★参加领养树木的活动，在树上挂上一块小牌，写上你的名字，定期给它浇水、培土，照料它成长，让它成为你家庭的一员。

【拓展阅读】

绿色社区考评参考标准

序号	考评内容	标准分	考评办法	评价
1	环境基础设施	8		
1.1	雨水道和污水道实行分流，新建小区分别建设雨水、污水管道，厨房、卫生间污水不走雨水管道	2	检查资料抽样调查10户	符合2分，基本符合1分，不符合0分
1.2	可绿化面积的绿化覆盖率达到100%	1	检查资料实地勘察	达到1分，达不到0分
1.3	绿地、树木、花草搭配合理	1	检查资料实地勘察	情况很好1分，一般0.5分
1.4	生活垃圾实行分类收集，小区内设立分类垃圾箱，有分类标志	2	实地勘察	符合2分，基本符合1分，不符合0分
1.5	油烟排放管道合理、规范	2	实地勘察	符合2分，基本符合1分，不符合0分
2	绿色社区文化建设	6		
2.1	设立环境宣传橱窗、宣传栏、警示牌	2	检查资料实地勘察	符合2分，基本符合1分，不符合0分
2.2	公用场所摆放环境报刊和环境书籍，有分发《市民环保手册》等有关环境宣传资料的有效渠道	2	检查资料实地勘察	符合2分，基本符合1分，不符合0分
2.3	建立寓教于乐的环境文化设施或环保示范作用景点	2	实地勘察	符合2分，基本符合1分，不符合0分
3	其他服务设施	12		
3.1	市场、停车场位置、布局合理。经营项目有合法手续	6	检查资料实地勘察	符合6分，不符合的每项扣2分

3.2	商场和超市设置绿色产品专柜	1	实地勘察	符合1分，不符合0分
3.3	游泳池、儿童戏水池等水质要达到卫生标准	2	检查资料	符合2分，基本符合1分，不符合0分
3.4	菜市场要有环保宣传口号及招贴画，不允许出售野生或受保护动物，提倡使用菜篮子，少用塑料袋	2	检查资料实地勘察	符合2分，基本符合1分，不符合0分
3.5	娱乐场所要有隔音装置	1	检查资料实地勘察	符合1分，不符合0分
4	绿色社区建设的组织落实	12		
4.1	成立绿色社区建设领导机构	2	检查资料	符合2分，基本符合1分，不符合0分
4.2	有负责社区绿色文化工作的人员	2	检查资料	符合2分，基本符合1分，不符合0分
4.3	有绿色社区建设的长远目标和规划，有具体的年度建设方案	2	检查资料	符合2分，基本符合1分，不符合0分
4.4	每年定期开展2~3次环保活动	2	检查资料	2次活动为2分，少1次减1分
4.5	主要负责人和相关人员参加环保培训	2	检查资料	符合2分，基本符合1分，不符合0分
4.6	社区居民中有环保监督员	2	与监督员见面	符合2分，不符合0分
5	识别、确认本社区环境问题，并提出改进措施	8		
5.1	污水与雨水的排放	2	检查资料	符合2分，不符合每项扣2分
5.2	大气污染的来源与控制	2		
5.3	噪声污染的来源与控制	2		
5.4	生活垃圾污染的控制	2		

6	绿色社区建设管理制度的建立和实施	14		
6.1	住房装修管理制度	2		制度健全完善并实施有效 14 分，每缺 1 项扣 2 分
6.2	汽车噪声和废气的控制制度（汽车尾气达标排放）	2	检查资料	
6.3	生活噪声管理制度	2		
6.4	社区垃圾管理制度	2		
6.5	管理人员行为规范	2		
6.6	社区居民行为规范	2		
6.7	社区内中小学、幼儿园的环境教育方案	2		
7	环保行为	20		
7.1	节水节电节气	2		有具体措施、有实际行动，每项 2 分，满分 20 分
7.2	使用绿色产品，使用绿色无氟冰箱、空调	2	检查资料，实地勘察	
7.3	保护野生动物，不允许猎杀、出售、食用野生动物	2		
7.4	拒绝白色污染和一次性餐具，买菜少用塑料袋	2		
7.5	垃圾分类处理	2		
7.6	回收有用物资，减少垃圾数量（垃圾减量化）、回收可利用垃圾（垃圾资源化）	2		
7.7	爱护绿化设施，爱护小区内绿地、树木，参与绿化活动，不焚烧垃圾	2		
7.8	热心公益事业，积极参与环保活动，宣传环境保护	2		
7.9	关心环境质量	2		
7.10	公众参与监督，对破坏环境的行为进行制止，对管理部门进行监督	2		

8	环境效果	20		
8.1	环境意识较高	4		
8.2	国策意识较高	4	座谈、随机测评、问卷相结合	满分20分，每项4分
8.3	可持续发展意识、绿色消费意识较高	4		
8.4	道德伦理意识较高	4		
8.5	所有污染源达标排放	4		

【拓展阅读】

全国绿色社区表彰评估标准

一、基本条件

1. 居民对社区环境状况满意率大于80%

2. 小区居民户数应具有一定规模

小区居民一般应达 2000 户，新建小区入住率达 80%

3. 各种污染源全部实现达标排放

严格遵守环境保护的法律法规，无违反环保法律法规的行为，没有环境纠纷或纠纷问题得到了合理解决。

二、健全的环境管理和监督机制

1. 成立创建领导机构

领导机构由街道牵头组织，街道办事处的社区办、文明办、城建科、宣传部、妇联等职能部门及环保、学校和驻社区单位等相关单位组成。

2. 成立创建执行机构

执行机构以社区为单位，由居（家）委会或物业管理公司、居民代表、学校和驻社区单位的相关人员组成。

3. 制订创建工作计划和实施方案

在社区工作计划中环境保护工作有专门的内容，有创建"绿色社区"的具体措施，并按照计划将任务落实到相关部门，责任落实到人。

4. 建立创建工作档案记录

社区基础资料齐全，创建工作计划和实施方案、会议记录、活动介绍、阶段工作总结、背景资料完整，并附有照片、音像资料等。档案有专人负责，管理有序。

5. 建立"绿色志愿者"队伍

建立一支或几支以社区居民为主体的"绿色志愿者"队伍，并积极开展活动。

6. 定期组织机构人员的学习和培训

以课堂培训、实地考察、参加交流活动等方式，组织领导机构和执行机构的人员进行学习和培训。

7. 建立环境管理协调机制

建立与政府部门、居民、驻社区单位定期召开联席会议的制度，共同商讨社区内的环境事务，并将创建计划和实施方案以居民大会、张贴公告等方式公开征求居民的意见或告知，环境投诉问题得到有效解决。

8. 建立可持续改进的自我完善体系

社区按阶段进行自评和总结，对出现的问题进行纠正，不断自我完善，建立健康持续的改进机制。

三、防治社区环境污染

1. 生活污水排放符合环保要求

生活污水排入市政管网或有污水处理设施并达标排放；新建社区实行雨污分流。

2. 实行生活垃圾分类回收

生活垃圾袋装化，有分类回收装置和明显标志，定点存放，日产日清。居民都能按照要求分类投放垃圾。

3. 无噪音扰民环境问题

社区内施工及装修严格遵守国家法律法规和工作时间制度，不在居民休息时间使用噪音大的设备。

四、社区环境整洁优美

1. 社区环境整洁

各种公共设施保持完好，各个公共场所的环境管理有序；车辆无乱停乱放，机动车有环保标志；无露天市场和违章建筑；无胡乱张贴现象；无违法搭建、流动摊亭；无焚烧垃圾、树叶和露天烧烤等现象；饮食服务业油烟经过处理并达标排放，无扰民现象；社区内无冒黑烟情况，居民不购买、不使用散煤；建筑、拆迁、市政等工程采取防尘措施。

2. 社区绿化美化舒适

社区可绿化面积达到 35% 以上，无毁绿现象，对古树和名树加以重点保护；社区内有宽松的休闲、娱乐、活动的公共场所。

五、积极开展环境宣传教育

1. 环境宣传措施到位

社区设有固定环保橱窗、宣传栏、环境警示牌等；及时发布环境信息；每年至少组织两次 100 名以上居民参加的环保活动。

2. 环境教育制度完善

社区开展了绿色家庭、绿色消费等活动；社区内有 30 种以上的环保类书籍、音像及图文资料；结合社区实际以环保课堂、参与活动、实地考察等形式对居民进行经常性环境教育，每季度至少1 次。

六、居民环境意识高

1. 社区居民环境意识较高，自觉保护环境

社区内各单位和居民能自觉遵守环保法规；居民爱护社区内环保和其他公共设施；对列入国家保护名录的野生动植物，无销售、食用现象；居民自觉采取节水、节电、资源循环利用等有益于环保的行为。

2. 使用环保型商品

社区内单位和居民不使用一次性发泡餐具；提倡使用获得环境标

志或节能标志等对环境友好的无磷洗衣粉、冰箱、空调等环保商品。

七、附加分

1. 获得过国家级、省级政府命名表彰的文明社区、社区建设示范区、生态小区、安静小区等。

2. 已通过 ISO14000 环境管理体系认证。

3. 具备社区特色。

社区结合自身人文、地域等特点，开展特色活动并取得良好效果。社区建设的规划和设计符合生态环保要求，使用了环保的建筑材料和节能的设备。

八、评分标准及考核方式

	分	内容	数	考核方式	评分标准	考试成绩
基本条件	20	1. 居民对社区环境满意率大于80%	2	发放问卷抽样调查	达到标准的计2分，未达到标准不能被表彰	
		2. 小区居民户数应具有一定规模	2	检查资料	达到要求的计2分，未达到要求不能被表彰	
		3. 各种污染源全部实现达标排放	16	检查环境监测等及相关文件	污染达标排放计2分，未达标排放不能被表彰	

健全的环境管理和监督机制	30	1. 成立创建领导机构	4	检查机构人员组成及分工情况，出示相关文件、档案	未成立扣4分
		2. 成立创建执行机构	4	检查机构人员组成及分工情况，出示相关文件、档案	未成立扣4分
		3. 制订创建工作计划和实施方案并落实到部门及人	4	计划切实可行，目标清晰，措施有力，落实到位	未制订计划扣2分，计划不完整扣1分，未落实到部门和人扣2分
		4. 建立创建工作档案记录	4	检查有关文件	未建档案扣4分，档案不全依程度扣1~3分
		5. 建立"绿色志愿者"队伍	4	检查名单及活动介绍	未有志愿者队伍扣4分，作用不强扣2分
		6. 定期组织机构人员的学习和培训	4	检查培训记录，问卷调查，现场考核	未组织培训扣4分
		7. 建立环境管理协调机制	4	检查有关文件，听取汇报，走访居民	制度未建立扣4分，有制度但环境投诉问题未得到有效解决扣2分
		8. 建立可持续改进的自我完善体系	2	检查文件听取汇报	未建立体系扣2分

防治社区环境污染	10	1. 生活污水排放符合环保要求	2	检查监测报告，现场检查	不符合要求扣2分
		2. 实行生活垃圾分类回收①生活垃圾袋装化；②有分类回收装置和明显标志，定点存放，日产日清；③居民都能按照要求分类投放垃圾。	6	现场检查，走访居民	缺一项扣2分
		3. 无噪音扰民环境问题，达到国家安静小区标准	2	现场检查，走访居民	不符合要求扣2分
社区环境整洁优美	12	1. 社区环境整洁①各种公共设施保持完好，各个公共场所环境管理有序；②车辆无乱停乱放，机动车有环保标志；③无露天市场和违章建筑；④无胡乱张贴现象；⑤无违法搭建、流动摊亭；⑥无焚烧垃圾、树叶和露天烧烤等现象；⑦饮食服务业油烟经过处理并达标排放；⑧社区内无冒黑烟情况，居民不购买、不使用散煤；⑨建筑、拆迁、市政等工程采取防尘措施。	9	现场检查	缺一项扣1分
		2. 社区绿化美化舒适①社区可绿化面积达到35%以上；②无毁绿现象，对古树和名树加以重点保护；③社区内有宽松的休闲、娱乐、活动公共场所。	3	现场检查	缺一项扣1分

积极开展环境宣传教育	10	1. 环境宣传措施到位①社区设有固定环保橱窗、宣传栏、环境警示牌等；②及时发布环境信息；③每年至少组织两次100名以上居民参加的环保活动。	5	现场检查，查看活动记录	缺一项扣2分，全缺扣5分	
		2. 环境教育制度完善①社区开展了绿色家庭、绿色消费等活动；②社区内有30种以上的环保类书籍、音像及图文资料；③结合社区实际以环保课堂、参与活动、实地考察等形式对居民进行经常性环境教育，每季度至少1次。	5	现场检查，检查活动记录及相关资料	缺一项扣2分，全缺扣5分	
居民环境意识高	8	1. 居民环境意识高，自觉保护环境①社区内各单位和居民能自觉遵守环保法规；②居民爱护社区内环保及其他公共设施；③对列入国家保护名录的野生动植物，无销售、食用现象；④居民自觉采取节水、节电、资源循环利用等环保行为。	4	问卷调查，走访居民，现场检查	缺一项扣1分	
		2. 使用环保型商品①社区内单位和居民不使用一次性发泡餐具；②提倡使用获得环境标志或节能标志等对环境友好的无磷洗衣粉、冰箱、空调等环保商品。	4	现场检查，检查数据统计记录，问卷调查	问卷调查合格率低于80%，扣3分；低于60%，扣4分	

		1. 获得过国家级、省级政府命名表彰的文明社区、社区建设示范区、生态小区、安静小区等	3	有关命名表彰文件	获得过一项命名表彰可得2分，满分3分
附加分	10	2. 已通过 ISO14000 环境管理体系认证	4	检查审核文件	
		3. 具备社区特色 ①社区结合自身人文、地域等特点，开展特色活动并取得良好效果；②社区建设的规划与设计符合生态环保要求，使用了环保的建筑材料和节能的设备。	3	检查有关文件，实地走访	根据实际情况每项得2分，满分3分

【拓展阅读】

绿色社区建设实例——广州金山谷绿色社区

一、项目概况

广州金山谷花园项目位于广州市番禺区，占地面积约83万平方米，地块综合容积率1.3。规划地处于各个镇的结合部位，在地域结构中处于特殊位置。

金山谷项目涵盖总占地39平方米的金山谷创意产业基地，同时也是广州市2009年重点建设项目。该项目以公园式的国际化建筑规划、国际标准的商务配套，构建全球性创意知识产业的交流平台，Office Park商业配套涵盖酒店、公寓、商业Office等，为整个招商带来便利。此外，还有政府投资配套的幼儿园、小学、中学，以及 Office Park 规划引入的由外籍人士创办的学校等资源。

项目开发伊始，开发者就联合英国百瑞诺发展集团（BioRegional Group）及世界自然基金会，根据对当地现状情况的调查，在金山谷社区中推行"一个地球生活"的开发及生活理念，编制了"一个地球生活"的可持续行动计划大纲，通过打造居住—产业互动的综合社区实现真正的可持续发展。另外，金山谷项目已经注册了 LEED-ND（全称 Leadership in Energy and Environmental Design for Neighborhood Development，即 LEED 绿色社区认证体系）认证，成为该认证的试点项目，该认证是美国绿色建筑委员会（USGBC）拟在全世界范围内推行的绿色生活社区规划设计而提出的。

二、社区综合开发和新城市主义

充分考虑社区综合开发和新城市主义的规划理念，尽量实现就近上学、就近上班、就近生活，减少交通能耗。在本项目中，开发者以整个生活社区为项目单元，对其中各个功能组团化，包括住宅区、商业区、休闲区、交通体系、总体绿化等，这种开发模式被称作社区综合开发模式。这种以产业、居住互动为核心的社区综合开发模式，形成了功能丰富又相互支持，具有高度自我调节能力的社会生态系统。在这一系统中，人们得以就近居住、就业、购物、休闲、就医、入学。这一系统高效率、低能耗、低排放，提供了经济层面可持续发展的活力。新城市主义是 20 世纪 90 年代初提出的城市规划一个新的城市设计运动，主张借鉴二战前欧美小城镇和城镇规划优秀传统，塑造具有城镇生活氛围、紧凑高效的社区，取代向郊区蔓延的发展模式。新城市主义提出了"公共交通主导的发展单元"的发展模式，其核心是以区域性交通站点为中心，以适宜的步行距离为半径，设计从城镇中心到城镇边缘仅0.25英里（约合0.4千米）或步行5分钟的距离，取代汽车在城市中的主导地位；提高社区居住密度，使每英亩（约合4000平方米）1个居住单元增加到6个单元；混合住宅及配套的公共用地、就业、商业和服务等多种功能设施。

1. 功能多样性的社区规划

金山谷地块周界与旁边的易兴工业园、广东省轻工职业学校相接，周边建设创意产业园等，人们可以就近上班，还有艺术学校和中小学，孩子们可以就近学习，有完整的商业网点，可以就近购物，项目规划有生态公园等，能就近游憩。项目中规划有1所中学、1所小学、3所幼儿园，创意产业园区中另规划有2万平方米教育用地，拟建3所国际学校和1所语言交流中心；项目涵盖低层住宅、高层住宅、超高层住宅、公寓、小型商业、社区商业中心、创意产业园区等多种建筑形态。

2. 尊重自然的场地规划

建设不破坏基本农田、森林，地块不位于洪泛区；保留区域内的原生树木和水体，建设开发中异地移植树木两百余棵；地块内无水体及湿地，现建多块人工湿地作为水体补充和中水回用，形成原有地块低冲击的开发。这也是国际上新城市开发的生态理念的体现。

3. 减少使用汽车的交通规划

地块中商业会所、创业产业园等，将吸引超过 200 家企业进驻，提供超过 2.5 万个工作岗位；项目中金山谷创意产业园区，占地约 39 万平方米。根据合作伙伴英国百瑞诺发展集团为金山谷项目所做的生态足迹 (Foot print) 分析，通过就近居住—工作—生活，至少可减少 30% 的交通需求。另外，社区中还将提供自行车专用租赁（行驶）区域；项目中 50% 住宅入口离公交车站距离不超过 400 米，公车站点有地铁专线接驳巴士；设有老年人、儿童活动中心，按规范设计无障碍通道。

4. 生态最大化理念运用于规划

通过与当前国内外同类项目的综合比较，开发者力图打造一种标准化的、以市场为导向的绿色地产开发模式，以差异化产品的特点取得市场优势。通过探索与研究，开发者在项目开发中实行了生态最大化规划理念，使用最大化方法展开或评估城市规划设计方案。使用这一方法，将在城市规划层面绘制一些设计构成主题地图。这些主题包括景观、水、能源和交通。对于每一个主题，将在假设只有这一个主题是最重要的前提下，绘制一张最大化地图。

开发者通过比较这些地图并进行汇编，最终的草图将成为评估或设计城市规划方案的基础；另外，通过对建筑规划方案实施电脑模拟分析，其中包括了通风、日照、热环境模拟，通过分析成果决定建筑的最佳位置、朝向、遮阳措施、绿化措施等。

三、建筑节能与环境

我国是一个建筑大国，每年新建房屋面积高达 17 亿~18 亿平方米，建筑能耗总量比较高，其中采暖、制冷能耗约占 60%~70%。广东省建筑规范规定新建建筑的节能率为 50%，本项目作为一个绿色建筑的探索，设定建筑节能率目标值为 65%，其主要是通过环境的营造来实现绿色建筑的各项重要指标。

1. 减少热岛效应，增加自然通风

中国南方的气候特点是潮湿闷热，日照周期长，因此，建筑周边环境需要减少热岛效应，增加通风可以提高环境的舒适度，同时可以降低建筑能耗。金山谷地块进行了热岛强度模拟分析，通过人工水体、透水地面、太阳能集热器屋面、景观遮阳小品、调配灌木或乔木比例等降低热岛强度，其一号地块热岛强度不超过 0.5℃，可有效减少热岛温度。通过区域通风模拟，有效减少了死风区和低风速区，提高了环境的通风状况。

2. 应用地域性建筑节能技术

南方建筑节能的关键在于遮阳、通风、隔热技术的综合应用。本项目在建筑设计中大量采用绿色节能技术，包括：填充墙采用加气混凝土砌块，屋面采用挤塑聚苯板隔热，外窗节能关键部位采用 Low-E 中空玻璃，过渡季节内庭园自然拔风，别墅区利用内庭院自然采光，地下室利用采光井自然采光，采用水平板、垂直板和挡板外遮阳构件，部分外窗采用百叶遮阳等，使小区建筑的综合节能率大幅提高。另外，对地块进行了室外风环境模拟分析及典型户型室内通风分析，相应调整了建筑间距，增设了首层架空层，调整了户内可开启扇的位置，在有效提高自然通风率的情况下，实现综合节能率65%的目标。

3. 可再生能源与节能设备

可再生能源是取之不尽的能源，在南方，利用太阳能的条件很好。本项目住宅全部配送分体式非承压真空管式太阳能热水系统（300L)，共366套，二期高层（2B层）创新采用屋顶集中集热，分户辅助加热的真空管式太阳能热水系统，共136户。另外，会所装设真空管式太阳能热水沐浴系统。在节能设备上，供水采用变频供水设备，公共部位照明采用T5高效灯具，景观灯具备定时控制功能，会所等公共空间采用新风全热交换设备。这些都有效减少了建筑运营能耗。

4. 结合地形的建筑形态和绿化

利用场地自然形态，合理设计建筑体形、朝向，严格控制窗墙比，低层住宅中采用露台遮阳、铝合金百叶遮阳等措施。项目绿化率为30.2%,公共绿地率达到8.2平方米 / 人，景观采用合理灌、乔木搭配和局部水体设置等降低热岛强度；保护山顶原始植被，设立山顶郊野公园；规划时通过建筑避让而保留的树木达200余棵，以保护原生态；采用植草格停车场、透水砖人行路面与广场以及排蓄水板绿化屋面，尽可能降低小区的热岛强度；人造水景池底使用膨润土防水毯构造，北部商业地块人工湖具有生态自净能力等。

四、环保优先的室内环境设计

在室内环境设计中，环保、生态、无毒、无污染是普遍真理，因此在设计理念、材料选取和施工工艺等环节中都应注意控制。营造环保优先的室内环境，除了环保材料的应用外，在设计中以人文环境为设计主导尤为重要，这将为客户创造内外交融的生活、工作环境。

1. 按《城市居住区规划设计规范》进行日照模拟，合理调整了建筑间距、朝向等。

2. 按《建筑采光设计标准》进行典型户型的采光模拟，室内采光系数符合规范要求。

3. 对典型户型进行通风模拟，调整了开窗比例及可开启扇位置，以利于自然通风。

4. 建筑平面布局中保证居住空间开窗具有良好视野，无对视情况。

5. 建筑隔热，在四期高层建造中东西山墙采用了玻化微珠保温砂浆，满足《民用建筑热工设计规范》要求。

6. 目前推向市场的一、二、三期产品卧室均采用中空玻璃，有效隔声降噪。

7. 室内污染控制，室内游离甲醛、苯、氨、氡和 TVOC 等空气污染物浓度符合《民用建筑室内环境污染控制规范》的要求。

五、结合环境的水系统综合应用

广州是一个缺水城市，而建筑环境与水息息相关，作为一个绿色示范项目，水系统的优化处理尤其重要。金山谷项目聘请了荷兰 DHV 公司对其作了《可持续发展整体规划》研究，生活水分质（污水、雨水）排放，并尽可能利用污水；充分利用雨水，维护优质的小区水生态环境、控制水土流失。具体技术有：

1. 绿化景观用水采用人工湿地污水处理系统，日处理量440吨。

2. 住区人行道采用透水砖，停车场采用植草格，年减少用水2000吨。

3. 雨水利用——用市政管网内的雨水对人工湿地清水池进行补充；施工期考虑暴雨影响，设置临时排水管道进行排水。

通过以上措施，有效减少了用水量，非传统水源利用率为25%。

六、材料与资源

材料的环保概念包括两个层面的含义：第一是材料自身的环保性，即材料的内部构成物质不存在危害自然环境的成分，不会向外发散有害物质；第二是材料的再生性，即材料能否循环使用。材料的环保性在某种程度上说是可转化的动态概念，同一种材料由于受内因或外因的作用，在某种状态下是环保的，但在某种状态下可能就成为非环保的。从绿色的选材概念出发，在装修设计中能用一种材料解决就不用两种，能用可再生的环保材料就不用不可再生的非环保材料。

1. 绿色建材。采用了混凝土砌块、聚苯挤塑板、玻化微珠保温砂浆等环保节能材料；建筑材料中有害物质含量符合《建筑材料放射性核素限量》的要求。

2. 废弃物管理及分类。施工单位制订并执行废弃物管理计划，物业单位对垃圾进行分类回收。

3. 建材选择。建筑钢筋及混凝土均产于现场100千米之内。

4. 绿色施工。地基处理工程中采用废弃砂石。

5. 旧建筑利用。售楼中心 (1700平方米) 全部构件为第三次循环使用，行政办公楼 (1500平方米) 采用废弃的厂房进行改造利用。

6. 土建与装修工程一体化。

七、经济效益、社会效益和环境效益

金山谷社区与其他社区的最大区别在于提倡居住—产业一体化，开发者利用产业来实现经济转型并带动居住，利用居住来实现产业新的增长点。打造金山谷绿色生态社区，可带来可观的直接经济效益有：

1. 吸引200多家现代服务业和创意产业企业入住。

2. 兴建国际学校和1所国际汉语教育中心。

3. 增加约25000个工作机会。

4. 实现产值约50亿元，税收以数亿计。

5. 提升广州市创意产业发展水平。

6. 优化番禺产业结构，变番禺制造为番禺创造。

7. 创造和扩大就业机会，增加番禺区财政税收和GDP。

8. 优化和提升华南板块和番禺新城城市价值。

9. 打造适合居住、生活、工作的生态现代服务园区。

由于目前的居住—产业一体化社区项目较少，项目与仅实现居住功能，且没有进行绿色建筑开发的社区来进行比较，经济效益、社会效益和环境效益成果斐然。据初步估算，金山谷项目的工作加生活综合开发模式减少30%的出行，每年交通减排产生的二氧化碳减少 3200 吨，至少相当于 284 万平方千米森林每年的吸收量；而综合节能 65% 建筑，按节电每年每平方米 5 度计算，全年可节电约 500 万度，加上低层及部分高层应用太阳能热水系统节约的能源，全年可节约标准煤约 2500 吨，可减少二氧化碳排放 5200 吨。项目采用人工湿地处理污水用于景观绿化，年节水 73000 吨。

　　金山谷项目是按照国际标准，参考国际绿色社区开发模式成功实践的典型案例，希冀通过项目的示范效应，相关法律、法规的不断完善，政府部门的宣传、推广和支持，以及不断的反省和检讨，能够形成良好的社会氛围，带动整个社会的和谐发展，从而真正实现城市的理性增长。

第三节　生态城的建设

　　生态城是一个经济发达、社会繁荣、生态保护三者保持高度和谐，技术与自然达到充分融合，城乡环境清洁、优美、舒适，从而能最大限度地发挥人的创造力与生产力，并有利于提高城市文明程度的稳定协调，有利于持续发展的人工复合系统。生态城是人类发展到一定阶段的产物，是现代文明与人类理性及道德在发达城市中的体现。

一、生态城的概念

　　生态城是根据生态学原理，综合研究社会—经济—自然复合生态系统，并用生态工程、社会工程、系统工程等现代科学与技术而建设的社会、经济、自然三者高度统一，物质、能量、信息高效利用，可持续发展、居民满意、生态良性循环的人类居住地。

二、生态城的特点

（一）高效益的转换系统

在自然物质—经济物质—废气物的转换过程中，必须是自然物质投入少，经济物质产出多，废弃物排泄少。该系统的有效运行在产业结构方面表现为"第三产业＞第二产业＞第一产业"的倒金字塔结构。

（二）高效率的流转系统

以现代化的城市基础设施为支撑骨架，为物流、能源流、信息流、价值流和人群的运动创造必要的条件，从而在加速各种流动的有序运动中，减少经济损耗和对城市生态的污染。

（三）环境质量指标国际化

生活环境优美，管理水平先进。大气污染、水污染、噪音污染等环境质量指标达到国际水平，绿化覆盖率、人均绿地面积等指标达到国际要求。同时对城市人口控制、资源利用、社会服务、劳动就业、城市建设等实施高效率的管理，以保证资源的合理开发和利用。

三、国内外生态城建设的主要经验

（一）理念科学超前是生态城建设的前提

城市生态问题从本质上讲是人与自然的关系问题，终极目标是追求人与自然的和谐共处、天人合一。体现在文化理念上，就是以人为本；体现在规划理念上，就是"反规划"理念，即在区域尺度上首先确定不建设规划；体现在产业理念上，就是应用高新技术发展低碳经济和循环经济。

（二）规划特色鲜明是生态城建设的基础

全国已有三十多个城市结合自身的特点，明确提出了建设生态城的目标，如张家港以生态工业和循环经济为特色建设生态城；扬州提出建"绿扬城郭"，创更佳人居环境的生态扬州；广州突出"山、城、田、海"的自然特征，建设自然景观与人文景观及山水特色的生态城；贵阳市通过绿地、森林、公园、湿地、湖泊彰显"城中有山，山中有城，城在林中，林在城中"的鲜明城市特色。

（三）立法严谨完备是生态城建设的保障

国内外实践证明，生态城建设必须建立健全与现阶段经济社会发展和生态环保决策相一致的环境法规、政策和标准。2004 年，贵阳市在全国范围内率先出台了《贵阳市建设循环经济生态城市条例》和《贵阳市促进生态文明建设条例》两个地方性法规。南昌、广州、唐山等地为保障生态城建设都相继出台了一系列政策措施，形成了较为完备的制度保障体系。

（四）产业低碳深绿是生态城建设的支撑

巴西的库里蒂巴市是联合国命名的"巴西生态之都""城市生态规划样板"，该市的生态产业、循环经济也得到联合国环境署和国际节约能源机构的高度评价。日本北九州市从 20 世纪 90 年代提出的"利用废弃物，发展新产业，实现零排放"目标基本实现。

（五）体制机制创新是生态城建设的不竭动力

无论是德国的埃朗根非机动化生态城、奥地利林茨太阳能生态城，还是上海东滩零碳生态城、天津中新生态城等，无一不是对体制机制进行大胆创新，为生态城建设提供源源不断的原动力。

四、生态城建设的误区

（一）生态城认识上的误区

把"花园城市""绿色城市""森林城市"等同于生态城。真正意义上的生态城市，其核心是"人与自然的高度和谐"，是一个"综合性的过程"，意味着城市的发展、城市居民的生产生活要以自然生态系统为依托，人的各项活动要顺应自然生态系统发展及演替规律，建设应从文化、政治、经济、社会等各个领域全面推进。

（二）在河湖堤岸功能维护上的误区

河湖堤岸是城市生态的重要组成部分，世界上的许多城市都傍依于河湖。有些城市对河湖堤岸植被多采取拓宽河道、裁弯取直、水泥衬底、砌石护坡、高筑河堤等措施，这些措施虽然使河道景观看上去整洁漂亮，但却弱化了河湖生态功能，破坏了整体生态环境。

（三）在城市绿化建没上的误区

即把"绿化"设计与"绿色"更多地与生态系统、大地景观、整体和谐、集约高效等概念联系在一起。不少城市建没者认为城市绿化就是克隆自然，不惜投入大量的人力、财力、物力，填空插缝营造人为景观，这并不能在生态意义上起到应有的积极作用。

（四）在城市形象塑造上的误区

很多城市的规划者和管理者为了追求所谓的"政绩"而"大兴土木"，把大量的财力和物力投入到毫无区域文化特色的城市形象的塑造上。这种所谓的"城市美化运动"或"城市化妆运动"，造成了今天众多城市发展中的"特色危机"，使其逐步失去了民族性、区域文化特征，甚至缺失了"身份证明"。

五、生态城的建设意义

随着社会经济的发展和人口的迅速增长，世界城市化的进程，特别是发展中国家的城市化进程不断加快，全世界目前已有一半人口生活在城市中，预计2025年将会有2/3人口居住在城市，因此城市生态环境将成为人类生态环境的重要组成部分。城市是社会生产力和商品经济发展的产物。城市集中了大量社会物质财富、人类智慧和古今文明，同时也集中了当代人类的各种矛盾，产生了所谓的城市病，诸如城市的大气污染、水污染、垃圾污染、地面沉降、噪音污染；城市的基础设施落后、水资源短缺、能源紧张；城市的人口膨胀、交通拥挤、住宅短缺、土地紧张，以及城市的风景旅游资源被污染、名城特色被破坏等。这些都严重阻碍了城市所具有的社会、经济和环境功能的正常发挥，甚至给人们的身心健康带来很大的危害。今后10年是我国城市化高速发展的阶段，中国作为世界上人口最多的国家，环境问题是否处理得好是涉及全球环境问题改善的重要方面。因此，如何实现城市经济社会发展与生态环境建设的协调统一，就成为国内外城市建设共同面临的一个重大理论和实际问题。

随着可持续发展思想在世界范围的传播，可持续发展理论也开始由概念走向行动，人们的环境意识正不断得到提高。当今世界一些发达国家，伴随着现代生产力的发展和国民生活水平的提高，对生活质量提出了更高的要求，尤其是对生态环境质量的要求越来越高。有关专家认为，21世纪是生态世纪，即人类社会将从工业化社会逐步迈向生态化社会。从某种意义上讲，下一轮的国际竞争实际上是生态环境的竞争。对一个城市来说，哪个城市生态环境好，就能更好地吸引人才、资金和物资，使自己处于竞争的有利地位。因此，建设生态城市已成为下一轮城市竞争的焦点，许多城市把建设"生态城市"、"花园城市"、"山水城市"、"绿色城市"作为奋斗目标和发展模式，这是明智之举，更是现实选择。

大力提倡建设生态型城市，这既是顺应城市演变规律的必然要求，也是推进城市持续快速健康发展的需要。一是抢占科技制高点和发展绿色生产力的需要。发展建设生态型城市，有利于高起点涉入世界绿色科技先进领域，提升城市的整体素质、国内外的市场竞争力和形象。二是推进可持续发展的需要。党中央把"可持续发展"与"科教兴国"并列为两大战略，在城市建设和发展过程中，当然要贯彻实施好这一重大战略。三是解决城市发展难题的需要。城市作为区域经济活动的中心，同时也是各种矛盾的焦点。城市的发展往往引发人口拥挤、住房紧张、交通阻塞、环境污染、生态破坏等一系列问题，这些问题都是城市经济发展与城市生态环境之间矛盾的反映，建立一个人与自然关系协调与和谐的生态型城市，可以有效解决这些矛盾。四是提高人民生活质量的需要。随着经济的日益增长，城市居民生活水平也逐步提高，城市居民对生活的追求将从数量型转为质量型，从物质型转为精神型，从户内型转为户外型，生态休闲正在成为市民日益增长的生活需求。

六、我国生态城的发展进程

当生态文明作为城市建设的要求被提出之后，嗅觉灵敏的开发商往往将"生态"作为一种低价拿地的策略和吸引眼球的噱头，对于生态城市的理解，并没有人能够给出明确的定义。尽管也有诸多环境研究领域和城市规划建设方面的专家纷纷从学术的角度提出对生态城市的理解和看法，但社会对"生态城"的普遍理解仍只停留在"环保"、"节能"、"人与自然的和谐共存"等词汇上，至于需要具备哪些条件才符合生态城要求，始终没有一个量化的可供衡量的标准。

这一现实状况造成了各地纷纷建生态城，各地又都是按照自己的理解、想象去造"城"。譬如中新天津生态城强调其主要特点为绿色交通系统，直接饮用水、绿色建筑以及注重清洁能源为其重要特点；而上海崇明东滩生态城则主张碳排放量为零，使用太阳能、风能等天然能源，打造自然循环系统等等。几乎所有的生态城都是围绕"节能"和"环保"去构建，强调新技术的应用。

我国生态城的发展还有很大的空间，任重而道远。

【拓展阅读】

生态城建设实例

一、中新天津生态城总体规划

2007年11月，中国政府与新加坡政府签署了有关在天津建设生态城的框架协议。2008年5月，《中新天津生态城总体规划》对外发布，9月底中新天津生态城正式开工建设。

根据中新合作规划，建设生态城的宗旨是要实现人与人、人与经济活动、人与环境和谐共存，运用生态经济、生态人居、生态环境、生态文化、和谐社区、科学管理的新理念，建设"社会和谐、经济高效、生态良性循环的人类居住形式"，构建自然、城市与人融合、互惠共生的有机整体，成为可持续发展的范例。

在宗旨和理念达成共识之际，规划和建设就成为实现蓝图的关键环节。在通过规划建设实现宗旨、理念的过程中，中新天津生态城项目独具特色模式的价值在于目标、途径和实现方式的完美统一。中新天津生态城项目蕴含着三大核心元素：滨海国策、狮城经验和生态实践；其规划逻辑主线为：水—人—路—业—能；其规划模式特征包括：新建城区，利用盐碱滩涂，建立多重目标，进行系统规划。

一、中新天津生态城项目核心元素

（一）滨海新区开发开放

2008年初，胡锦涛在津考察时，对天津发展提出了"两个走在全国前列"、"一个排头兵"的重要要求。5月2日，胡锦涛会见来访的新加坡资政李光耀时表示，生态城符合十七大精神主旨，即全面、平衡、可持续发展。将二者联系起来即可看出，滨海新区的开发开放为生态城建设提供了广阔的创新发展空间，而生态城的建设同时也成为滨海新区科学发展的重要举措和生动体现。

从功能定位来看，滨海新区将成为"一个门户、两个基地、两个中心"和"经济繁荣、社会和谐、环境优美的宜居生态型新城区"。所谓门户、基地、中心都是功能，而真正的定位则是具有这些功能的"宜居生态型新城区"。在滨海新区的规划建设中，几大产业功能区发展迅速，但"宜居生态新城区"建设相对要复杂以及困难得多。显然，宜居生态城区建设涉及科学发展的各个侧面，属于多目标的社会发展范畴，具有很强的系统性。生态城项目无疑成为滨海宜居生态建设的一个重要突破口，滨海新区元素为中新天津生态城项目赋予了更加丰富的内涵。

（二）新加坡的成功经验

新加坡属城市岛国，土地资源是发展的最大约束，因为一切基础设施和社会活动都要在641.4平方公里的土地内进行。这其中包括过滤水的提供、污水处理、焚化工厂、发电厂、军事设施、机场以及住宅、工业、商业和娱乐设施等。因此，整体规划对于国家的生存尤为重要。虽然新加坡的城市规划管理者面临着诸多挑战，但在过去的40年中，新加坡的自然环境和生活品质得到了飞跃式提高，其设施建设也发生了惊人的变化：新加坡拥有世界一流的机场、港口、高速公路、地铁网络和主干道。目前新加坡国土建成面积已超过50%。

事实上，过去新加坡面临的危机也正是我国当前需要解决的重大难题。弹丸之地的新加坡，人口高度密集，包括人力在内的各种资源匮乏，但它却充分利用其独特的地理优势，依靠科技进步，制订了有远见、高起点、高标准的经济社会发展战略和空间发展规划，建立了高效率的决策和管理机制，大力发展服务业，坚持实行全方位的对外开放，推行社会福利政策，创造了一个长期稳定发展的环境。新加坡的经验正是我们当前可借鉴的

（三）生态城区建设实践

现代生态城市研究与示范建设总的发展趋势是，从城市的"元件"生态到整体的系统生态；在方法上，从单一向综合，从理论到方法与工程技术相结合；从纯自然到人与自然结合；从城市的纯粹社会学到心理、文化、经济与环境的整合；从经济发展到可持续发展；从开发利用城市中的自然到开发与保护相结合，以增强城市生命支持系统生态服务功能等。总之，理想的生态城市必须是自然生态与社会发展的全面协调和完美统一。

上述的结合、整合和协调都必须在一个共同空间和社会活动中去实现，中新天津生态城项目是我国生态城市建设进程中一次不可多得的创新实践，生态城区元素也正是滨海新区和中新天津生态城项目的核心目标价值之所在。生态城若能成功打造，则能为中国六百多个城市起到重大的标杆和示范作用。

二、中新天津生态城规划的逻辑主线

（一）治水

近年来，天津已成为我国缺乏水资源的城市之一，地表水资源短缺和水体污染致使天津水环境功能遭到破坏，水生态系统全面退

化。在水生态治理方面，中新天津生态城将借助新加坡成功的治水经验，计划用 5 年时间改造面积达 2.7 平方公里的营城污水库，将滨海新区的污水治理为景观水。保留生态城西南侧水系入海口的生态湿地，形成复合式水生态系统。预留七里海湿地鸟类迁徙驿站和栖息地，保障"大黄堡—七里海"湿地连绵区向海边延续，形成以河流为脉络的区域生态网络，构建"水库—河流—湿地—绿地"多层次生态网络格局。在节水方面，将多渠道开发利用再生水和淡化海水等非常规水资源，通过雨水收集和再生水利用，实现水资源的优化配置和循环利用

（二）聚人

向中新天津生态城聚集大量高素质的人力资源，一靠政策，二靠环境。2020 年，生态城将规划常住人口规模控制在约 35 万人。同时，能够容纳外部就业人口 6 万人和内部暂住性消费人口 3 万人。在政策上，实现城市产业结构与人口结构的联动调控；落实吸引高素质人才的各项政策；妥善安置原有农村居民，提供住房和就业保障；改革户籍管理方式，减少人才流动障碍，使外来人员享受市民待遇。在环境上，构建"生态城中心—生态城次中心—居住社区中心—基层社区中心"四级公共服务中心体系，切实安排好关系人民群众切身利益的教育、医疗、体育、文化等公共服务设施，为居民提供舒适便利的服务，满足居民不断增长的物质文化需求，促进各项社会事业均衡发展。

（三）养路

先修后养，重点在养，充分体现绿色出行理念。规划"绿色出行所占比例"这一生态城特色指标控制在90%以上。绿色交通是指为了减轻交通拥挤、降低污染、促进社会公平、节省建设维护费用而发展的交通运输系统。绿色出行方式是指区域内人的出行选择除小汽车以外的污染小的交通出行方式，如公共交通、自行车、步行等。所谓养，一方面是指绿色交通体系的硬件设施需要精心养护；另一方面，由于绿色出行所占比例是指选择以上绿色出行方式的人数占总出行人数的比例，因此居民的绿色出行意识也需要培养和加强。当然，在宣传引导绿色出行方式的过程中，必须从规划设计源头入手，以人为本，提供给居民足够的绿色出行的便利条件。

（四）乐业

为扩大区内就业，生态城在充分论证的基础上，确定了八大产业发展方向，包括节能环保、科技研发、教育培训、文化创意、服务外包、会展旅游、金融服务以及绿色房地产等低消耗、高附加值产业。根据生态型规划理念和我国社区管理要求，结合新加坡"邻里单元"理念，形成符合生态城示范要求的"生态社区模式"，包括基层社区、居住社区、综合片区三级。而为社区自身服务一项就可创造大量就业机会。为了测算本地居民就业人口中有多少同时在本地就业，规划特别引入了衡量居民就近就业程度的指标——就业住房平衡指数。就业住房平衡指数越高，说明就近就业比重越高，对外出行交通的需求越少。

（五）节能

在中国目前巨大的环保压力下，实现建筑领域的节能降耗将成为未来该领域发展的主要方向，中新天津生态城的建设有望开拓中国未来节能环保居住建筑模式。与常规同等规模城市相比，中新天津生态城的能源结构、绿色交通出行方式、产业结构、环保建材的使用等，都可以保证规划实施后二氧化碳少排80%，其中45%来自于能源结构的贡献，24%来自绿色交通的实施，5%来自绿色建筑材料的使用；同时，按照规划建设实施的生态结构，其中的绿地、屋顶绿化和水面还可以进一步实现二氧化碳的吸收，折算成少排碳的比率为6%。

三、中新天津生态城的规划模式特征

（一）新建城区特征

20世纪80年代，我国现代生态城市的理论与实践得到了迅猛发展，在生态市、生态县、生态村等不同层次建立了一些有推广价值的示范点，对我国城市建设的转型产生了巨大的推动作用。但是，类似中新天津生态城这样在一个既成规模又相对狭小的新区域内，独立建设一座系统的高水平生态城，在国内尚无先例。

在新的未开发区域统一规划集中建设有许多好处，最重要的是可以大规模、整体性地快速构建城市基础设施体系，这在老城市原址改造中是难以实现的。而整体构建城市基础设施系统，正是新加坡面对资源稀缺挑战，不断累积获得的独特成功经验。新加坡基础设施的建设是特别引人注目的，空间狭小，在选择性方面受到严格限制，需要运用系统方法在以下各个层面整合基础设施：功能的整合、管理机构的整合、时间的整合以及与其他国家的整合。这使新加坡成功地发展了大规模、整体性的城市基础设施系统。该系统包括公屋、地面交通、航空港口、裕廊岛石化工业区、整体通信和信息系统。

（二）盐碱滩涂特征

在中新两国协商之初，就确定了生态城选址的两条原则：一是要体现资源约束条件下建设生态城市的示范意义，特别是要以非耕地为主；二是要靠近中心城市，依托大城市的交通和服务优势，节约基础设施建设成本。

中新天津生态城所在的区域生态环境比较恶劣，项目所在地原始状况是盐田、水面、荒滩各占1/3，土壤盐碱化程度高，属于水质性缺水地区。这种条件完全符合选址原则，一方面开启了我国成片开发、高效利用盐碱荒滩的先河，节约了大量耕地，进一步提升了生态城建设的示范意义；另一方面，大面积人工改造水资源环境，建立水资源循环利用体系，使新加坡的治水技术和经验有了真正的用武之地。

（三）多重目标特征

作为滨海新区的重要组成部分，中新天津生态城的城市职能与滨海新区定位紧密衔接，不仅将生态宜居功能作为主要发展目标之一，更要贯彻生态经济理念，通过建立新型的国际技术和经贸合作机制、建立与生态产业发展相适应的投融资体制等政策措施，以科技创新引领，构筑高层次的产业结构，构建国际一流生态型的产业体系和现代服务业体系，成为国际生态环保技术的策源地、总部基地和引领可持续发展的示范区，提升服务能力，增强综合实力和国际竞争力，与各产业功能区相互补充、紧密衔接，促进滨海新区开发开放，为改革开放和自主创新提供保障。为此，生态城总体规划按照建设一个经济蓬勃、环境友好、资源节约、社会和谐的生态城的目标要求，提出 26 项指标，其中控制性指标 22 项，引导性指标 4 项。指标突出了生态保护与修复、资源节约与重复利用、社会和谐、绿色消费和低碳排放等理念，既体现了先进性，又注重可操作性和可复制性。

（四）系统规划特征

中新天津生态城在世界范围内并不是第一家，全世界已有三十多个城市开展类似项目。但是，在对全球很多已建和在建生态城项目研究后发现，像中新天津生态城规模这么大，一开始就按照生态城市的理念、指标体系进行全面系统规划建设管理的案例还没有。从这个角度看，这个项目意义重大。新加坡方面承诺，将与中国分享在水资源利用、环境保护和社会发展方面的经验，将一个面对水资源短缺难题的地区，发展成人与人、人与自然、人与经济发展相和谐的宜居城镇。

二、曹妃甸国际生态城总体规划

（一）曹妃甸生态城总体介绍

大规模、快速的城市化的进程，令中国正面对前所未有的地方性和全球性环境挑战。尽管在国家层面尚缺乏对可持续生态城市发展问题的明晰指导意见，但是许多地方政府都已经开始行动起来。据估计，至少有一百余个城市都在着手制订生态城计划，越来越多的城市通过国际合作的形式来开发生态城，唐山曹妃甸国际生态城即是其中之一。

曹妃甸生态城位于曹妃甸工业区和曹妃甸机场东北部5公里处，距离唐山市中心80公里，距离天津120公里，距离北京220公里。

按照"世界一流、中国气派、唐山特色"的要求和"港口、港区、港城"协调发展理念，唐山市曹妃甸新区管理委员会委托瑞典SWECO公司、北京清华城市规划设计研究院编制了可行性研究报告和城市详细规划。目前已完成74.3平方公里新城总体规划，起步区30平方公里概念性详细规划和12平方公里城市控制性详细规划。

在规划设计中，学习借鉴了瑞典可持续发展理念和技术，科学制订了141项指标体系，构建了水利用及处理、垃圾处理及利用、新能源开发及利用、交通保障、信息系统、绿化生态、公用设施、城市景观、绿色建筑等"九个方面"的技术体系；在城市发展方向上，重点发展科技研发、休闲会展、金融贸易、技术服务、教育培训、城市服务业"六大产业"。

预计曹妃甸生态城150平方公里的面积上可居住100万~120万居民。最初30平方公里的地区计划作为生态城的中心商业区，预计截至2016年可居住约5万人。

作为河北省的主要经济增长中心，曹妃甸工业区是2005年国家发改委批准的国家循环经济示范项目之一，项目旨在促进该区四大工业（精炼钢、设备制造、化学工业和现代物流）的资源循环和污染物零排放。曹妃甸的工业发展得到了国家政府的大力支持，持续稳步发展，特别是在2007年在该地区发现了一个新的10亿油田。

自 2007 年初启动的曹妃甸生态城计划，目标是实现一个生态友好型、资源能源节约型、经济宜居型和社会和谐型城市。

（二）曹妃甸生态城的主要特点

1. 选择荒地。曹妃甸生态城建设在荒地和潮间地上，未占用农田。土地开垦成本约为人民币每平方米 117 元，这一成本相对较低，因为建设期间无需开展征地和移民安置工作。通过以下努力，土壤环境正在不断改善：设置双重海堤营造淡水环境；建设绿色空间系统，并将其整合到沿海防洪工程中；支持油田绿地和河口湿地。预计截至 2015 年，绿地覆盖比例将达到 30% 以上。

2. 绿色交通占 90%。曹妃甸生态城提倡行人优先和公共交通优先，提倡采用公交导向型城市发展模式。通过此举措，曹妃甸生态城将努力限制与交通有关的二氧化碳排放量，将其限制在每公里每人 20 千克。预计截至 2015 年，公交份额将达到 70%，徒步出行和自行车出行比例将达到 20%。成本较低的快速公交系统将成为运输网的支柱，一些地区将会把轻轨作为候补交通方式，把公共汽车作为快速公交系统的支线。与此同时，曹妃甸还考虑到了降低私家车需求以及公交使用最大化的措施，例如：限制停车场的供应量，降低公交票价，向拥有多台私家车的车主征税等措施。但计划阶段尚未制定出任何详细的规定。

3. 来自非传统水资源的百分比达到或超过 50%。曹妃甸生态城提倡利用再生水、淡化海水和雨水。100% 的生活污水都将被进行处理和再利用，此标准高于国家生态城市标准中规定的 85% 的污水处理率和 30% 的处理后污水再利用率。曹妃甸生态城还通过限制单位 GDP 的水消耗量，使其降低到每一万元 150 立方米以下的方法提高了用水效率。但预计截至 2015 年，人均家庭用水量将为 180 升／天。

4. 可再生能源和余热供应份额超过 70%。可再生能源资源，如：太阳能、沼气、风能、地热资源，将占生态城市能源供应总量的 50% 以上。此外，来自钢厂和电厂的工业余热也将成为重要的供热资源。垃圾焚烧和冷热电联产将被作为辅助的供暖来源。热电厂建设期间，热电厂中会增加海水淡化设施。

5. 考虑到了社会问题。例如：提议经济适用房比率应达到总住房面积的 20% 以上；应在距离居民区 300 米以内的区域设立公交站点，在 500 米以内的区域建设公共服务设施。

（三）曹妃甸生态城的重点项目

1. 可持续发展展示中心项目

该项目位于曹妃甸国际生态城南侧，规划占地面积 10 万平方米，总建筑面积约 3.2 万平方米，总投资 3 亿元。可持续发展展示中心是生态城标志性建筑，同时也是唐山市十大标志性建筑之一。该建筑集办公、展示、展览、接待和公共休憩等多功能于一体，3 座 1 万平米的展览建筑，别具特色；外围建若干展示性广场，展示新的海水淡化技术、雨水收集技术、不同条件下的绿化技术等。

该项目由瑞典 SWECO 公司规划设计，体现了生态城所倡导的"生态、科技、创新"理念。通过这些展示使人们了解曹妃甸生态城的建设将遵循生态优先原则，引入城市生态设计理念。

2. 明日之城项目

该项目是中瑞合作的高端住宅项目，位于曹妃甸国际生态城12平方公里起步区中部，总占地面积约2.76平方公里。"明日之城"以居住用地、商业用地为主，还有若干公建和居住混合用地位于内湖沿岸，该区域建设项目多样，为建设示范区提供了条件。

该项目拟将瑞典"BO01项目"中国化，在该项目中将做到"四节一环保"，即节能：100%依靠风能、太阳能、生物能、地热能等可再生能源，并达到自给自足；节水：屋顶绿化过滤处理；节地：低密度、紧凑、私密、高效的用地原则，并突出以人为本的功能性原则；节材：采用先进的住宅建造技术，采用可再生利用的材料；环保：生物多样性保护、植被屋顶、三废处理的并通过废弃物处理发电、产热等。在小区整体设计中充分利用信息技术，实现全自动过程管理和控制，从而打造世界顶级可持续发展理念和技术，真正实现"零消耗、零排放"目的。

3. 曹妃甸科教城项目

曹妃甸科教城选址位于曹妃甸生态城一期30平方公里范围内，规划占地面积17平方公里，估算总投资180亿元，建设周期为2009年3月~2013年8月。通过3~5年的建设，使曹妃甸科教城成为唐山市乃至全国的人才培养中心、科技研发中心、科研成果转化中心。

科教城现落成项目包括：唐山工业职业技术学院新校区工程、市委党校新校区工程、文化公园、体育休闲公园、翰林国际等。

中国生态城一览表

编号	城市（地区）	地域	面积（km2）	人口规模（万人）	行政级别	气候类型	是否新建	生态建设特色
1	中新天津生态城	东部	25（2020）	35（2020）	直辖市的一个区	暖温带半湿润季风气候	是	指标体系、能源的综合利用、绿色交通、城市安全与社会事业
2	曹妃甸国际生态城	东部	150	100（规划）	地级市的一个区	暖温带大陆性季风气候	是	指标体系、新能源和资源利用、城市安全、循环经济
3	德州市	东部	10356	564	地级市	暖温带半湿润季风气候	否	新能源开发利用、生态宣传教育、责任考核制
4	保定市	东部	22190	1101（全市）	地级市	暖温带大陆性季风气候	否	可再生能源利用、节能减排、低碳技术、低碳产业
5	吐鲁番市示范区	西部	8.81	6（规划）	地级市	暖温带大陆荒漠性气候	是	指标体系、节水与节能、生态防护、历史文化保护
6	门头沟中芬生态谷	东部	100	100（规划）	直辖市的一个区	温带季风气候	是	产业体系集成；规划设计布局
7	淮南市	中部	2596	243（2009，常住人口）	地级市	亚热带半湿润季风气候	否	瓦斯综合利用、塌陷区生态修复、棚户区改造
8	东莞市	东部	780（建成区面积）	178.73（2009户籍人口）	地级市	亚热带季风性湿润气候	否	生态园，生态绿城，生态文化新城

9	安吉县	东部	1886	45（全县人口）	县	亚热带湿润季风气候	否	污水与垃圾处理、生态村的创建、生态产业县、全国生态文明试点
10	武汉市	中部	8494	910（常住人口）	省会城市	亚热带季风湿润气候	否	资源节约和环境保护产业结构、城市功能、城乡统筹、土地利用和则税金融的体制机制探索
11	深圳市	东部	813（建成区面积）	876.8（常住人口）	副省级城市	热带海洋性季风气候	否	绿色建筑、基本生态控制线、绿色交通、绿道
12	呈贡新城	西部	155	100	省会城市	低纬高原山地	是	土地的混合使用、城（规划）的一个区季风气候 市低碳规划、城市生态绿色体系
13	无锡太湖新城	东部	150（规划）	100（规划）	地级市的一个区	亚热带湿润区	是	紧凑合理城市布局、循环高效的资源能源利用、绿色交通、原生态多样性均质化的环境
14	合肥滨湖新区	中部	196	15（2010）	地级市的一个区	亚热带湿润气候	是	环境综合治理、绿色交通规划、生态社区规划、用地规划、能源综合利用规划、生态产业规划

注：人口规模数据除已标时间，其他均为2009年末数据